农业生态实用技术丛书

北方果园
生草技术

BEIFANG GUOYUAN SHENGCAO JISHU

农业农村部农业生态与资源保护总站　组编

张毅功　张丽娟　主编

U0238863

中国农业出版社

北　京

图书在版编目（CIP）数据

北方果园生草技术／张毅功，张丽娟主编．－北京：中国农业出版社，2020.5

（农业生态实用技术丛书）

ISBN 978-7-109-25085-7

Ⅰ.①北…　Ⅱ.①张…②张…　Ⅲ.①果园－绿肥作物－研究　Ⅳ.①S660.6

中国版本图书馆CIP数据核字（2018）第288236号

中国农业出版社出版

地址：北京市朝阳区麦子店街18号楼

邮编：100125

责任编辑：张德君　李　晶　司雪飞

版式设计：韩小丽　　责任校对：周丽芳

印刷：北京通州皇家印刷厂

版次：2020年5月第1版

印次：2020年5月北京第1次印刷

发行：新华书店北京发行所

开本：880mm×1230mm　1/32

印张：4

字数：80千字

定价：32.00元

农业生态实用技术丛书
编 委 会

本书编写人员

主　　编　张毅功　张丽娟

副 主 编　杨军玉　文宏达　吉艳芝
　　　　　赵书岗

参编人员　王勤英　胡同乐　刘会玲
　　　　　李忠勇　曹　飞

致　　谢　王文江、张玉星、孙建设、
　　　　　杜国强、陈海江等提供部分
　　　　　资料和照片

序

中共十八大站在历史和全局的战略高度，把生态文明建设纳入中国特色社会主义事业"五位一体"总体布局，提出了创新、协调、绿色、开放、共享的发展理念。习近平总书记指出："走向生态文明新时代，建设美丽中国，是实现中华民族伟大复兴的中国梦的重要内容。"中共中央、国务院印发的《关于加快推进生态文明建设的意见》和《生态文明体制改革总体方案》，明确提出了要协同推进农业现代化和绿色化。建设生态文明，走绿色发展之路，已经成为现代农业发展的必由之路。

推进农业生态文明建设，是贯彻落实习近平总书记生态文明思想的必然要求。农作物就是绿色生命，农业本身具有"绿色"属性，农业生产过程就是依靠绿色植物的光合固碳功能，把太阳能转化为生物能的绿色过程，现代化的农业必然是生态和谐、资源可持续、环境友好的农业。发展生态农业可以实现粮食安全、资源高效、环境保护协同的可持续发展目标，有效减少温室气体排放，增加碳汇，为美丽中国提供"生态屏障"，为子孙后代留下"绿水青山"。同时，农业生态文明建设也可推进多功能农业的发展，为城市居民提供观光、休闲、体验场所，促进全社会共享农业绿色发展成果。

农业生态文明思想起源于古老的中国，中国自春秋时期就懂得用地养地的道理以及物理杀虫、人工除草等做法。农牧结合、稻田养鱼、桑基鱼塘等农业生态模式在历史上曾经极大推动了文明和经济的发展。当前，我国农业生态文明建设已进入提供更多优质生态产品以满足人民日益增长的优美生态环境需求的攻坚期，也到了有条件、有能力发展环境友好农业的窗口期。多年来，从事农业生态研究的学者和实践者扎根农业生产一线，按"整体、协调、循环、再生"的原则，围绕农业生态文明建设开展了广泛、系统的实践和研究，探索总结出了丰富多样的应用技术。

为推广农业生态技术，推动形成可持续的农业绿色发展模式，从2016年开始，农业农村部农业生态与资源保护总站联合中国农业出版社，组织数十位业内权威专家，从资源节约、污染防治、废弃物循环利用、生态种养、生态景观构建等方面，多角度、多要素、多层次对农业生态实用技术开展梳理、总结和归纳，系统构建了农业生态知识体系，编写形成了《农业生态实用技术丛书》。丛书中的技术实用、文字简洁、步骤详尽、脉络清晰，技术可推广、模式可复制、经验可借鉴，具有很强的指导性和适用性，将为广大农民朋友、农业技术推广人员、管理人员、科研人员开展农业生态文明建设和研究提供很好的参考。

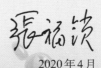

2020年4月

绿水青山就是金山银山！"金山、银山、花果山"，既是号召动员令，也必然是我们为之持续奋斗的目标。

"万物土中生""健康的土壤才能出产安全的食品"已经成为人们的共识。食品自原料生产至食用等各个环节中，化学品的不当投入都可能会因吸收、富集、累积而对人类机体产生食品安全威胁或隐患。而事实上，人类已处于地球全部食物链（食物网络）的最顶端。

对于重要的食品——果品而言，其产地生态环境、生产、加工、储藏、运输、销售及食用安全性问题关乎生态、社会、经济各个方面。因此，在果树生产中，采取一切措施创造优良环境、减少农用化学品的使用非常重要。

"野火烧不尽，春风吹又生"。"杂草"是地球陆地表面与土壤亲密结合、共生共荣、除之不尽的"爱恨情仇""难言之隐""切肤之痛"。在农业生产中，人们与"杂草"进行着永无休止的"争斗"。科学合理、高效的控制和利用"杂草"，似乎是没有"剧终"的连续剧！

在中国，"谁承包土地""谁使用土地""谁在种地""谁来种地""如何种地""怎样种好地""生产中为何越来越依赖机械"，等等热点问题正在破解中！

优越环境基础条件的组成必须是丰富的生物多样性！而与之相匹配的是土壤中的生物多样性。果园土壤的基本属性与可持续生产能力需要优质健康的生产方式的维系和提升！

果园"清耕"还是"生草"，似乎仍在争论中，而事实上随着热点问题的不断破解，似乎"生草"才是正确的选择！

面对当前北方分散型及规模标准化集约果品生产中的果园生草问题，本书介绍了北方果园的气候、生产特点、土壤、果树营养等的基本知识，汇编了果园生草的概念、生草的方式、草种选择原则、果园整地和生草种植、刈割、植保等果园管理方法，比较了果园清耕与生草栽培的优劣及土壤变化和生草后应采取的灌溉、施肥技术等。

编　者

2019年6月

目 录

序

前言

一、北方果园概况·······················1

  （一）北方果园的分布···············1

  （二）北方果园的基本情况··········2

二、果园生草·····························5

  （一）生物多样性····················5

  （二）果园生草基本知识···········8

  （三）北方果园主要自然草种·····15

  （四）北方野生草种及可种植草种的特性·······21

三、生草果园土肥水管理············44

  （一）生草果园土壤管理··········44

  （二）生草果园肥水管理··········53

四、果园病虫害防治··················84

  （一）北方果树主要病害及防治·····84

（二）北方果树主要害虫及防治 ·····················96

五、果园生草案例 ·····················105

（一）国内果园生草案例 ·····················105

（二）国外果园生草案例 ·····················114

一、北方果园概况

（一）北方果园的分布

北方果园通常是指分布在北方地区的果园。

北方地区是指中国东部季风区的北部，主要是秦岭—淮河一线以北，大兴安岭、乌鞘岭以东的地区，东临渤海和黄海。主要包括：黑龙江、吉林、辽宁、内蒙古、河北、北京、天津、山东、河南、山西、陕西、宁夏、甘肃、青海、新疆等。

北方地区的自然环境特征：①地形比较平坦，主要地形区有东北平原、华北平原、黄土高原。②气候类型属于温带季风气候，华北平原南部和黄土高原南部比较温暖，降水主要集中于夏季。东北平原北部冬季寒冷漫长，降雪量比较大，积雪深厚，雪期漫长。③受降水影响河流汛期较短，水量不大。受气温影响冬季河流结冰，部分河流有凌汛。④原始植被以温带阔叶林为主，还有部分针叶林。除了东北山地以外，原始森林很少。⑤东北平原以黑土为主，土壤肥沃。华北平原和黄土高原以黄土为主，比较肥沃。

（二）北方果园的基本情况

1.北方适宜种植的果树品种

北方果树很多，适宜种植的有苹果、葡萄、梨、桃、枣、柿、樱桃、板栗、石榴、树莓等。

2.北方果树生长适宜的土壤pH范围

北方主要果树生长适宜的土壤pH范围，葡萄6.0～7.5，苹果7.0～7.5，梨5.6～7.2，板栗5.5～6.5，桃6.0～8.0，核桃5.5～7.0，杏6.5～8.0。

3.北方果园存在的问题

（1）果园管理粗放。北方果树主要种植在山岗、丘陵、河道、岸边、荒山等地方，这些地方种植条件较差，生长环境恶劣，果农往往疏于管理，致使果树基肥、追肥投入不足，浇水不及时或不均匀，造成树势衰弱、营养不良等。

（2）干旱高温诱发锈病，造成早期落叶。进入秋季（8月上中旬至9月下旬）后，气温高、天气干旱时期，致使果树叶片因失水或诱发锈病而大量脱落。

（3）高温诱发二次开花。果树花芽、叶芽在6～8月已基本形成，此时较高的温度给花芽萌发提供了适宜的条件，果树就形成秋季二次开花。果树的二次开花使果树体内贮藏养分造成大量的消耗，致使树体抗寒越冬能力降低，冬季冻害严重。

（4）病虫草害频繁发生。北方地区干旱高温的气候特点，加之管理不善等原因，经常导致果树产生流胶病、苹掌舟蛾等病虫危害，致使果树产生倒开花，杂草丛生，病虫害严重。

4.果园几种土壤管理方法的优缺点

（1）清耕。清耕即除果树外，果园内不种任何作物，一年多次中耕除草，保持园地干净。清耕主要在10年以上的果园中施行。在这种管理方法下，不存在作物或草与果树争水、争肥现象，春季地温上升快，由于时常中耕松土，土壤透气性好，有利于保墒和有机质分解。但该法易破坏土壤结构，土壤有机质消耗快，特别是每年惊蛰后，干热风骤发，地表冷热、干湿变化幅度大，导致0～20厘米土层果树根系分布少。

（2）生草。生草即在果树行间种植禾本科或豆科牧草、薯类、瓜类及油菜等。若草按时刈割，覆盖树盘或翻埋于土壤中，可解决有机肥肥源不足的问题，提高土壤有机质含量，改善土壤结构，保持水土。但不少果农不是把草还原于土壤，而是另有所图，有种草不割的，有割草喂牛羊的，有种农作物图多有收获的等，这种种不科学种草的行为，导致园地氮素营养消耗较大，在春夏雨季，草与果树争水、争肥现象严重。

（3）覆盖。覆盖分覆草和覆膜两种办法。其中覆草指用作物秸秆或杂草将园地覆盖，待其腐烂分解后再进行补充，始终保持10～15厘米厚的覆盖物。覆草和生草一样是目前积极推广的土壤管理方法。它对提高土壤肥力、减少水分蒸发、防止水土流失、稳定地温都有明显的作用，尤其是对旱地果园和山地果园，是不可多得的好办法。但覆草果园春季地温上升慢，不利果树根系生长。覆膜指用塑料薄膜将园地覆盖。覆膜具有良好的增温、保墒效果，据试验资料证明，早春果园覆膜后，0～20厘米土层的地温比对照高2～4℃，土壤含水量比清耕果园的土壤含水量高2%左右。另据作者观察，2008年新植乔化红富士幼树覆膜后，30厘米高处围粗5厘米，新生枝长7～40厘米的有14个，树高1.85米；未覆膜的幼树，30厘米高处围粗4厘米，新生枝长7～40厘米的只有3个，主干顶端新梢长只有5厘米左右。1～2年生的幼树实行覆膜栽植确实是个好办法。但由于覆膜不能为土壤提供有机质，从改善肥力角度看，覆膜不如覆草，尤其是对于2年生以上的果树。

（4）间作。间作即在果树行间种植浅根、低秆、病虫害较少的作物。间作可起到以短养长的作用，但果园内必须有充分的行道。

（5）免耕。免耕即对园地不进行任何耕作，利用除草剂防治杂草。此法虽能较好地保持土壤自然结构，使有机质缓慢分解，且节省劳动力，但不利保墒，属掠夺式管理，不利于绿色无公害果品的产出。

二、果园生草

（一）生物多样性

1.生物多样性的概念

生物多样性是自然界生命体诞生、生存、演化的结果，也是人类生存与发展的重要基础。生物多样性一般是指在一定时间和一定地区所有生物（动物、植物、微生物）物种及其遗传变异和生态系统复杂性的总称。它包括遗传（基因）多样性、物种多样性、生态系统多样性和景观生物多样性四个层次。生物多样性是维系任何生态系统或生产体系稳定性和持续发展的基石。

2.生物多样性的益处

自然规律昭示，任何生命及其生存环境条件不断进行着发生、发展、繁荣、稳定、衰落、灭亡又重新开始新的轮回演变。自然界生命体根本规律之一就是趋向生物多样性的演化，即所谓的天演论。自然界生物分为生产者、消费者和分解者，其中土壤中的生物多样性支撑着地面植物多样性，继而形成了丰富多彩的生命世界。生命世界极其重要的规律之一，就是趋向生物多样性以保持各个生态（生产）系统的繁荣稳定发展。事实上，任何植物在自然界都是不能独立繁盛存在的，其多样性是任何自然生态系统和生产体系持续存在的重要基础条件。生草改变了果园植物群落组成和结构，丰富了生物多样性，形成了一个相对比较稳定的复合系统，为天敌的繁衍、栖息提供场所，增加了天敌种类和数量，从而减少了虫害的发生，经由害虫传毒引发的病毒类病害发生率也相应降低，可以起到生物防治的效果。

3.植物群落类型

植物群落是指生活在一定区域内所有植物的集合。它是每个植物个体通过互惠、竞争等相互作用而形成的一个巧妙组合，是适应其共同生存环境的结果。任何一个相对稳定的植物群落都有一定的种类组成和结构。

（1）先锋植物。被人们称为"裸地先行者"，这些植物由于具有极其顽强的生命力，通常指的是能够在相对缺乏土壤和水分的裸地最先出现和生长的植物。北方的先锋植物通常具有三大特点：①喜钙性。土层瘠薄，土壤自然肥力低，对植物营养元素供应不足，土壤以富钙和偏碱性为特征，喜钙植物可较好地成长。②旱生性。植物长期在干旱的环境下生存，植物的生理特征发生了适应干旱环境的改变。③岩生性。某些植物可以附着生长在岩石上，根系深深扎进岩石缝隙，并可穿过岩石的缝隙汲取到水分和营养。

（2）优势植物。指在各种植物生长所组成的植物聚集范围内，对该区域群落结构和群落环境的形成有明显控制作用的植物。

（3）建群植物。是某一植物群落的创造者、建设者，指的是优势植物中的最优者，即盖度最大（重量最大），出现频率（多度）也大的植物种。

（4）顶级植物。在一定的自然环境条件下，植物群落经过不断地发展变化，最后所形成的能够保持相对稳定存在的一种或多种植物。

4.乡土植物与外来植物

（1）乡土植物。通常是指在当地很容易自然生长并常见的植物。乡土植物一般对本地的生态不会产生影响。

（2）外来植物。指在直接、间接或人类引入照顾之下而在某区域生存分布的植物品种。一般情形下，外来植物往往要自然面对乡土植物的生存竞争压力。外来植物在短时间内可能扰乱当地生态平衡、破坏自然环境与人文景观以及对人们生活、生产造成不同程度的影响乃至各种弊端。

目前情况下，除了很少量的农作物品种源自当地驯化改良的品种外，大部分品种属于外来植物。果树就属于人们为了生产目的人为设定培养的顶级植物物种。

（二）果园生草基本知识

1.果园生草的概念

果园生草就是人工全园种草或果树行间带状种草。所种的草一般为优良多年生豆科草种。全园或带状人工生草也可以是除去不适宜种类杂草的自然生草，生草地不再有除刈割以外的耕作，人工生草地由于草的种类是经过人工选择的，它能控制不良杂草对果树和果园土壤的有害影响，是一项先进、实用、高效的土壤管理方法。实施果园生草是果园土壤管理的最好最高效的方法，但果园生草后要加强管理，管理技术到位，才能发挥果园生草的综合效益，以达到果园生草的目的。

2.果园生草的方式

按照果园草种生长方式，可以将果园生草分成自然生草、人工种草、自然生草和人工加密种植相结合三种方式。按照生长区域，可将果园生草分成全园生草及行间生草二种方式。

按照生长区域的分类方式，更能清楚地说明不同情况果园生草的适用条件。全园生草需要在果树株间、行间（除去树干环周即树盘直径50～100厘米范围）全部生草，适用于成龄（结果期）果园。行间生草适用于幼龄果园，由于果树根系尚处在土壤中分布比较浅的状况，园内生长的各种草类容易与果树争水、争肥，所以应将生草区域控制在在树冠投影线以外。根据生草的长势适时刈割控制草高在20厘米以内，将割下来的草覆盖在树干周遭树盘之内，以达到蓄水保墒提高肥力的作用。

3.果园生草的好处

果园生草的好处可总结成通俗易懂的十大歌诀：

果园生草一大好，有机物质增加了，土壤结构得改善，地下肥力能提高。

果园生草二大好，疏松土壤透气了，土层生态得优化，根腐病虫可减少。

果园生草三大好，土壤水分蒸发少，保护墒情养根系，抗旱能力得提高。

果园生草四大好，草被能把地温调，春季地表升温快，炎夏降温树不燥。

果园生草五大好，水滋根系土不跑，涵养水量保肥力，固土稳把幼苗保。

果园生草六大好，园中病虫减少了，有益天敌得保护，害虫吃草啃树少。

果园生草七大好，纳水纳肥库容高，有机物质能分解，果树生长连年好。

果园生草八大好，固压表土刮不掉，人人果园都生草，减少发生沙尘暴。

果园生草九大好，能把园中气候调，生长环境舒适了，连年丰产效益高。

果园生草十大好，不用费力去锄草，轻松潇洒把园管，省工省钱又高效。

典型案例

河北顺平县南神南村相邻两果园（张联合与高锁占对比）、望都县许庄（赵仁造与李盼进对比）、易县（白水港吕振山相邻两果园南北对比）采取自然生草3～5年取得了令周边果农信服的显著效果，其作用主要表现在：

较好地吸纳降水，显著减少径流，保持土壤水分，年减少果园灌溉次数2～3次或不用浇水，省水、省电效果明显；疏松土壤，降低土壤容重（0.1～0.2克/厘米^3），显著改善土壤耕性；有效提升土壤有机质含量（0.12%～0.35%），较为显著地降低土壤pH（0.2单位左右），提高肥料利用率约15%～20%；有利于果园土壤、地表及冠层区间温度稳定（春天土温回暖早，夏季果园凉爽，晚秋土壤温降晚），有效提升土壤有效养分含量（速效氮磷钾显著提高18.2%～20.5%）；有效减少苹果缺铁、缺锌、缺钙等缺素症的发生（望都许庄对比尤为显著）；果树树体病虫害发生率、果品损失率显著下降，果品品质提升（口感）差异明显；后续年份省去除草用工4～5个/亩[*]（800～1 000元）。夏季老乡都愿意到生草果园纳凉，雨后更容易尽快下地劳作或采摘。

---

[*]　亩为非法定计量单位，15亩=1公顷。

4.果园生草可能的弊端

影响基肥和追肥的习惯施用，尤其是使用追肥不便；不利于施行传统的浇水方式（可以采用水肥一体化方式解决）；初期实施时可能会出现生草与果树争肥现象；果农已经养成了见草就锄的习惯；冬季容易失火；清晨下地露水湿裤。

5.果园清耕的好处与弊端

目前多数果园，特别是个体农户的园子往往都是采取清耕除草的方式。清耕能有效降低杂草数量，减少与果树争肥、争水的可能，灌水、施肥更为方便，同时能让果园的土壤疏松，使果园整体看起来更加整洁美观。

长期实行果园清耕，耗费工时，也会影响土壤理化性质及土壤结构，一般有机质及各种矿质营养元素有效含量不断降低，会影响果树根系生长、产量与果品品质。

6.利用豆科草类培肥果园土壤

豆科植物可以在土壤氮素较为缺乏时生出根瘤进行生物固氮是大家都知晓的常识。因此利用初期建园果树定植后的地面空间种植豆科植物，特别是加密种植乡土豆科植物培肥土壤意义重大。一般情况下可以采收狭叶米口袋、野大豆等的种子实施加密种植，也可以播种三叶草、苜蓿、沙打旺等，在初花期翻压肥田。如果种植豆类作物（花生、黄豆、绿豆等），不应将其收获取走，这样大量的氮素就被带走了，就起不到肥田效果。

7.果园选择性除草和刈割

果园无论自然生草还是人工植草，都会面临其他不是目标草种即杂草的干扰影响，特别是速生高大杂草，如猪毛菜、小飞蓬、苋菜等。选择性尽早剔除、拔除恶性杂草，是有利于目标生草草种健康成长的关键所在，是必须要采取的措施。及时实行刈割，将草被保持在20厘米以内，是保持果园良好通风效果和便于实行农事作业的必要选择。

8.果园生草主要作业机械的应用

自20世纪50年代开始，国外许多国家如美国、德国、英国、澳大利亚、新西兰等的果品生产多采取生草栽培方式。这些国家果园面积普遍很大，生产中各项作业机械化程度很高。其机械的主要特点是大型化、价格高、性能好，便于大面积机械化作业。例如：美国约翰迪尔公司带有三个切割器的大型苜蓿收割机、德国尼梅世公司能够在20～80厘米范围内无级调节割茬高度的割草机等。日本园艺机械具有小型智能化、低耗高效等特点，研制有果园刈割智能机器人等，值得学习和引进。

我国21世纪初开始研发大量园艺设备，其中大量草被刈割机械应运而生。我国大多数现有果园面积较小且地形复杂，具有种植密度和管理多样化等的特点。针对此状况，北京某公司研发的具有自主知识产权的随动环专利技术——智能树干自动避让割草模式很具有代表性。该设备具备遥控举升调节留茬高度、距离树干语音报警等功能，可实现果树树下行间行走、株间割草的避让式割草，完全不会割伤磨损树干，支持割草头探入株间并紧密贴近树干作业，结合1.5米割幅的行间割草能力，可以较好地解决有机生态果园生草及树干周边即树盘割草难的问题。此外，国内外各式各样简易便携式柴油动力割草机械和小型智能机械林林总总，都可以用来进行果园草被刈割。为了实现果园生草技术和灌溉施肥一体化（水肥一体化）操作，我国有关技术人员先后开展了相关研究实践，研发了多种简便易行的水肥一体化机械。由本书编者团队研发的"套系果园生草取土播种器"和"异型卡槽简易灌溉施肥器"，可以较为方便地实现复杂地形果园生草后取土、播种和完成灌溉、施肥作业。

9.果树有机废弃物的处理和利用

果树生产和产后简单包装过程中不断地产生一些需要处理和可以利用的物料。其中主要有：自然落叶（含带病落叶）、修剪下来的枝条（含带病枝条）、生草刈割下来的草段、反光膜、套袋用果袋（塑料袋或纸质袋）、各种农药包装（主要是塑质）等。

果园处理下来的带病自然落叶和修剪下来的带病

枝条必须及时运出果园区域，放入事先挖好的土坑，采取撒适量石灰粉、少量尿素（调节C/N）和土分层混合埋藏处理（备注：以往多采取焚烧方法消灭病叶和枝条，现今要求采取环保处理方式）。正常的落叶和枝条可以采取机械粉碎至2～3厘米后与少量尿素混合均匀后撒放到裸露的土面，浇水后覆土以利腐熟变成土壤有机质；也可以将粉碎物覆盖于生草后草被较薄的区域，以加强蓄水保温性。生草刈割下来的草段也可以采取正常落叶、枝条相同的处理方法。其他不能再利用的物料需采取利于环保的方法实施处理。

10.利用自然杂草实现果园土面覆盖

可以结合耕作方式，巧妙地选择性利用果园中自然生长的杂草，达到省工、省钱、快速高效地实现果园生草的目的。

早春（3月中旬至4月下旬）北方果园最早生长出的是夏至草、播娘蒿、紫花地丁等草种，可以利用它们自然生长时期早和种群密度优势，采取逐步人工选择，除去其他种类的杂草，达到半自然生草的目的，如果结合人工加密种植这些草种效果会更好。当其完成自然生长死亡后，对土面的覆盖效果依然存在。

燕麦、黑麦、黑麦草具有像冬小麦越冬覆盖土壤的性质。这些植物种子比较容易获得，当秋季（8月初至10月中旬）雨后或果园浇水后，间隔15～25厘米南北向挖掘深3～5厘米播种沟，按照每米沟长播种100粒左右种子，与细土充分混合后均匀撒至沟中，撒播后覆土轻踩即可。这样就可以实现冬、春两季果园生草，有利蓄水保墒，且防止果园细土飞扬、损失肥沃表土的作用了。

11.利用药用植物提升果园综合效益

在新建果园和进入盛果期的果园，可以采取果树行间、树下间作种植药用中草药植物，以实现"以下养上、以短养长"多种种植，同时增加采摘收获内容，提升游人的采摘兴趣，并可以提高果园的综合效益。这样不仅可以获得可观的经济收益，也可以有利于增加生物多样性，特别利于低山丘陵区生态环境的改善。我国北方可以选择种植柴胡、瓜蒌、蒲公英、绞股蓝等中草药。此外，果园周边还可以保留或种植雄性毛白杨、桑、花椒等诱虫、驱虫树木，以吸引天牛和驱离害虫。也可以在乔木上设置简易鸟巢，吸引鸟类居住以消灭害虫。

（三）北方果园主要自然草种

1.北方果园常见的草种

（1）豆科。①长柔毛野豌豆，俗名长毛野豌豆、毛苕子、柔毛苕子。②紫苜蓿，俗名紫花苜蓿、苜蓿。③白车轴草，俗名白三叶、三叶草。④绣球小冠花，俗名小冠花。⑤百脉根，俗名牛角花、五叶草。⑥红车轴草，俗名红三叶。

（2）禾本科。①高羊茅。②黑麦草。③马唐。④虎尾草，俗名棒槌草、刷子草。⑤稗，俗名稗子、扁扁草。⑥鸭茅，俗名鸡脚草。

2.北方果园常见的杂草

（1）十字花科。①荠，俗名荠菜、地菜、护生草。②播娘蒿，俗名麦里蒿。③独行菜。④弯曲碎米荠，俗名碎米荠。

（2）车前科。车前，俗名车轮子菜、猪耳朵。

（3）蔷薇科。①委陵菜，俗名翻白草、白头翁。②匍枝委陵菜，俗名鸡儿头苗，蔓萎陵菜。③蛇莓，俗名蛇泡草、龙吐珠、三爪风。④朝天委陵菜，俗名鸡毛菜。

（4）菊科。①牛尾蒿，俗名指叶蒿、水蒿。②蒲公英，俗名黄花地丁、婆婆丁。③白莲蒿，俗名香蒿、铁杆蒿。④刺儿菜，俗名小蓟、野红花。⑤蓟，俗名大蓟。⑥阿尔泰紫菀，俗名阿尔泰狗娃花。⑦剪刀股，俗名沙滩苦荬菜。⑧苦苣菜。⑨柳叶蒿。⑩皱叶鸦葱。⑪小蓬草，俗名小飞蓬。⑫苍耳，俗名老苍子、粘头婆、苍耳子、野茄子、敝子、道人头、刺八裸、苍浪子、绵苍浪子、羌子裸子、猪耳、菜耳。⑬鳢肠，俗名旱莲草，墨莱。⑭甘野菊。⑮漏芦，俗名祁州漏芦。⑯旋覆花，俗名六月菊。⑰鬼针草，俗名粘人草。⑱苦荬菜，俗名抱茎苦荬菜、多头苦荬菜。⑲山马兰，俗名山鸡儿肠。⑳野艾蒿，俗名野艾。㉑苦菜。㉒黄鹌菜。㉓泥胡菜。㉔茵陈蒿，俗名因尘、因陈、茵陈、茵陈蒿、绵茵陈。㉕一年蓬。

（5）紫草科。①附地菜。②斑种草。

（6）百合科。薤白，俗名团葱、密花小根蒜、小根蒜。

（7）旋花科。①田旋花，俗名燕子草、扶田秧、田福花。②打碗花，俗名兔儿苗、兔耳草、富苗秧、喇叭花、旋花苦蔓、扶苗、扶子苗、狗儿秧、小旋花。③圆叶牵牛，俗名牵牛花、喇叭花。④裂叶牵牛，俗名牵牛花、喇叭花。

（8）唇形科。①夏至草，俗名白花夏枯。②益母草，俗名红梗玉米膏、黄木草、玉米草、益母蒿、坤草。③荔枝草，俗名雪见草、鼠尾草。

（9）桑科。葎草，俗名拉拉藤。

（10）茜草科。茜草。

（11）藜科。①灰绿藜，俗名灰灰菜。②小藜。③藜，俗名灰菜。④地肤，俗名扫帚苗。

（12）苋科。①反枝苋。②凹头苋，俗名野苋。③皱果苋，俗名绿苋。

（13）马齿苋科。马齿苋。

（14）禾本科。①狗尾草。②牛筋草，俗名蟋蟀草。③马唐。④止血马唐。⑤早熟禾。⑥画眉草，俗名星星草、蚊子草。⑦白羊草。⑧虎尾草，俗名棒槌草、盘草。⑨无芒稗，俗名稗子。⑩黄背草。⑪荩草。⑫野燕麦。⑬丝茅，俗名茅针、茅根（植物名汇）、白茅根，丝毛草根。

（15）莎草科。①扁杆藨草。②具芒碎米莎草，俗名小碎米莎草。

（16）蓼科。①萹蓄，俗名扁竹、竹叶草。②巴天酸模。③酸模叶蓼，俗名大马蓼。

（17）大戟科。①铁苋菜。②地锦，俗名地锦草、铺地锦。

（18）罂粟科。①角茴香，俗名咽喉草、麦黄草、黄花草、雪里青。②白屈菜，俗名土黄连、断肠草、八步紧、山黄连。③地丁草，俗名紫堇、苦地丁、苦丁。

（19）石竹科。①麦瓶草，俗名米瓦罐。②繁缕，俗名鹅肠菜、鹅耳伸筋、鸡儿肠。

（20）茄科。①龙葵，俗名山辣椒。②曼陀罗，俗名洋金花。

（21）鸭跖草科。①饭包草，俗名火柴头、竹叶菜、卵叶鸭跖草、圆叶鸭跖草。②鸭跖草。③竹叶子。

（22）报春花科。点地梅，俗名喉咙草。

（23）豆科。①野大豆，俗名小落豆、小落豆秧、落豆秧。②狭叶米口袋。③糙叶黄耆，俗名粗糙紫云英、春黄耆。④截叶铁扫帚，俗名夜关门。⑤大花野豌豆，俗名三齿萼野豌豆、野豌豆、山豌豆、毛苕子。⑥草木樨，俗名黄香草木樨、辟汗草。

（24）萝摩科。①鹅绒藤，俗名祖子花。②萝摩，俗名白环藤、羊婆奶、婆婆鍼落线包、羊角、天浆壳、蔓藤草、奶合藤、土古藤、浆罐头、奶浆藤、老鸹瓢。③地梢瓜，俗名地梢花。

（25）毛茛科。白头翁，俗名羊胡子花、毛姑朵花。

（26）玄参科。①地黄，俗名生地。②通泉草。

（27）锦葵科。苘麻，俗名白麻、桐麻、磨盘草、车轮草。

（28）牻牛儿苗科。牻牛儿苗，俗名太阳花。

（29）伞形科。田葛缕子，俗名旱芹。

（30）天南星科。半夏，俗名小天老星、药狗丹、无心菜、老鸦眼、老鸦芋头。

3.可用于果园生草的常见野生杂草

主要有荠菜、蒲公英、车前、马齿苋、狗尾草、草木樨、紫花地丁、早开堇菜、繁缕、高羊茅、田旋花、播娘蒿、野大豆、蛇莓、夏至草、委陵菜、匍枝委陵菜、大花野豌豆、野燕麦等。

4.一年或二年生草种

主要有长柔毛野豌豆、虎尾草、鸭茅、马唐、稗、打碗花、荠菜、播娘蒿、狗尾草、马齿苋、繁缕、草木樨、野燕麦等。

5.多年生草种

主要有白车轴草、红车轴草、黑麦草、鸭茅、紫花苜蓿、高羊茅、百脉根、蒲公英、紫花地丁、早开堇菜、车前、高羊茅、委陵菜、匍枝委陵菜、野豌豆、蛇莓等。

6.北方各季节草种的生长周期

长柔毛野豌豆，3月下旬至10月下旬。

虎尾草，4月下旬至10月下旬。

马唐，5月下旬至10月中旬。

稗，5月中旬至10月下旬。

打碗花，4月中旬至10月上旬。

田旋花，4月中旬至10月上旬。

播娘蒿，4月上旬至6月中旬。

狗尾草，5月中旬至10月中旬。

马齿苋，6月上旬至10月中旬。

繁缕，3月下旬至9月中旬。

草木樨，4月上旬至10月中旬。

荠菜，3月上旬至5月下旬。

蒲公英，4月上旬至10月下旬。

车前，4月中旬至10月下旬。

紫花地丁，3月中旬至11月中旬。

早开堇菜，3月中旬至11月中旬。

高羊茅，3月中旬至11月下旬。

夏至草，3月下旬至5月下旬。

大花野豌豆，4月上旬至9月中旬。

委陵菜，4月上旬至10月中旬。

匍枝委陵菜，4月上旬至10月上旬。

白车轴草，3月中旬至10月下旬。

红车轴草，3月中旬至10月下旬。

黑麦草，4月上旬至10月中旬。

鸭茅，4月上旬至9月中旬。

紫苜蓿，3月下旬至9月下旬。

百脉根，4月上旬至10月中旬。

野燕麦，4月上旬至9月中旬。

蛇莓，3月下旬至10月下旬。

（四）北方野生草种及可种植草种的特性

1.白车轴草

（1）植物学特性。白车轴草属豆科车轴草属短期多年生草本植物，生长期达5年，高10～30厘米。茎匍匐蔓生。掌状三出复叶，托叶卵状披针形，叶柄较长，小叶倒卵形至近圆形，先端凹头至钝圆。花序球形，顶生，具花20～50朵；花白色、乳黄色或淡红色，具香气。荚果长圆形，种子通常3粒，阔卵形。花果期5～10月。

（2）种植要点。白车轴草属宿根性植物，其根瘤菌有较强的固氮能力，利于培肥地力。在管理得当时，白车轴草可持续生长7年以上。在我国华北地区绿期可长达270天左右。根系以须根为主，根系较浅，一般分布在土壤表层以下20～50厘米内，具有较发达的侧根和匍匐茎，与其他杂草相比有较强的竞争能力。耐阴性较好，能在30%透光率的环境下正常生长，适宜在果园内种植。适应范围广，具有一定的耐寒、耐热能力，能耐零下20℃的低温，强耐热性也很强，35℃左右的高温不会萎蔫，耐践踏，再生力强。白车轴草草层低矮、致密，只有30厘米高，可不必青割（若发展养畜，也可青割），且根系浅，主要集中在地表15厘米的土层中，不与果树争肥、争水，且当夏季高温干旱时，几乎停止生长，但仍然存活，保墒效果明显，同时抑制杂草生长。适宜的土壤类型为沙土、沙壤土和壤土。对土壤pH的适宜范围为4.5～8.5，以5.0～7.0最适宜。

白车轴草春播、秋播均可，春播可在3月中下旬至4月底，秋播在8月中旬至10月初。秋播墒情好，杂草危害轻，宜采用此法。在果树行间种植，种植条带为1.5～2.0米。播前需清除杂草，精细整地。可掺土撒播或条插，条插行距为30厘米左右。播后覆土宜浅，一般1厘米左右，每亩用种量以0.5千克左右为宜。白车轴草苗期生长缓慢，要保持土壤湿润，及时清除杂草。一般不需灌溉，但若遇到极度干旱，小苗期宜灌溉1～2次为好。初花期即可刈割利用，留茬5厘米左右。每次刈割后适当追肥、灌水，能明显提高产草量，追肥应以磷、钾肥为主。该草再生能力强，在果树施肥时可随便挖坑，施肥后短期内便可自然恢复覆盖效果。白车轴草种植一次可连续利用5～8年，后将其耕翻，休一年或二年后再种。因此，白车轴草是实现果畜结合、建立生态果园的优质牧草品种。

（3）其他功用。白车轴草为优良牧草，含丰富的蛋白质和矿物质。作为牧草，白车轴草适口性好，各种畜禽均喜食，营养丰富，节粮效果明显，经济效益十分显著。此外，鉴于白车轴草植株低矮，叶色、花色美丽，也是优良的绿化观赏草种，是发展环保生态、观光果园的优良草种。

2.红车轴草

（1）植物学特性。红车轴草属豆科车轴草属短期多年生草本植物，生长期2～5年。主根深入土层达可1米。茎粗壮，直立或平卧上升。掌状三出复叶，叶柄较长，小叶卵状椭圆形至倒卵形，先端钝，有时微凹，叶面上常有V字形白斑。花序球状或卵状，具花30～70朵，花冠紫红色至淡红色。荚果卵形，通常有1粒扁圆形种子。花果期5～9月。

（2）种植要点。红车轴草属长日照植物，喜湿润海洋性气候，夏天不过于炎热、冬天不十分寒冷的地区最适宜生长，耐湿性良好。生长最适温度为15～25℃，气温超过35℃生长受到抑制，高温干旱年份难以越夏，冬季最低气温达－15℃则难以越冬。红车轴草生长速度较快，种子可在2～3℃萌发，但发芽速度极慢；温度为10～15℃，水分充足，6～8天即可出苗，种子萌发的最适温度为25℃，温度高于35℃发芽受影响。红车轴草出苗后20～35天进行分枝，分枝较多。花期长，可达5个月，种子产量高。红车轴草喜肥沃土质，在草地冲积土、黏土、壤土、非酸性土、弱酸性土壤和泥炭沼泽地生长良好，适宜pH为6.0～7.5。

红车轴草种子细小，根系入土较深，因此需要深耕和精细整地。清除杂草、杂物，仔细耕、耙、平整，以利种子出苗。在土壤黏重、降雨较多的地方要开挖排水沟。土壤酸性较大时，通过施石灰调整pH，以利于根瘤形成。初次种植地，用种过红车轴草的土壤进行拌种，以提高固氮能力。播种以春播为主，时间为4～5月。播种方式以条播为主，也可撒播，播种深度1～2厘米。天气干旱、土质疏松时，播后进行镇压。在夏季高温干旱季节需进行灌溉，可促进再生草的生长和提高越夏率。

红车轴草常见病害为菌核病和根腐病。菌核病多在早春雨后潮湿时发生，可侵染幼苗和成株。苗期多在接近地面的茎基部产生水渍状斑点，并迅速扩展，甚至使感病植株凋萎倒伏。成株先在叶片上出现褐色病斑，叶色呈灰绿、凋萎，随后扩展到茎和根。预防此病可进行播前种子处理，采用比重1 ∶（10～20）的盐水浸种。成苗期可用50%多菌灵可湿性粉剂1 000倍液防治。刈割也是避免病情扩散的一个有效措施。防治根腐病可喷施50%甲基托布津。虫害主要是地下害虫蛴螬对根的危害，可用鲜草拌毒饵诱杀或人工捕杀。红车轴草苗期生长缓慢，需及时清除杂草。在生长期间，通过及时刈割控制杂草危害。越夏、越冬前及时中耕松土也可抑制杂草入侵，是延长红车轴草地寿命的有效措施。

（3）其他功用。红车轴草是优质牧草，蛋白质含量高，矿物质丰富，易消化，具有很高的饲料转化率。此外，红车轴草是绿地和水土保持植物。种子活力高，生长迅速，容易建植，绿期长，加上植株形态优美，是城市绿化的理想草种。红车轴草含有丰富的黄酮和异黄酮类化合物，具有抗肿瘤、胃溃疡、胃癌、乳腺癌及肠癌等功效。

3.紫苜蓿

（1）植物学特性。紫苜蓿属豆科苜蓿属多年生草本植物，高30～100厘米。根粗壮，深入土层。茎直立，丛生以至平卧。羽状三出复叶；托叶大，卵状披针形，叶柄比小叶短，小叶长卵形、倒长卵形至线状卵形。花序总状或头状，长1～2.5厘米，具花5～30朵，花长6～12毫米，花冠淡黄、深蓝至暗紫色。荚果螺旋状。种子卵形，长1～2.5毫米，黄色或棕色。花期5～7月，果期6～8月。

（2）种植要点。紫苜蓿适应性广，喜欢温暖、半湿润的气候条件，对土壤要求不严，除太黏重的土壤、极瘠薄的沙土及过酸或过碱的土壤外都能生长，最适宜在土层深厚疏松且富含钙的壤土中生长。紫苜蓿不宜种植在强酸、强碱土中，喜欢中性或偏碱性的土壤，以pH 7～8为宜，含盐量小于0.3%，地下水位在1米以下。土壤pH为6以下时根瘤不能形成，pH为5以下时会因缺钙不能生长。可溶性盐分含量高于0.3%、氯离子超过0.03%，幼苗生长受到盐害。

种前需将种子与细沙进行混合或使用磨米机进行碾磨，将种皮磨破，另外将种子在播种前进行晾晒3天，可提高发芽率。对于未播种过紫苜蓿的地块，需要进行根瘤接种，可以提高紫苜蓿的成苗率，提高其产量和质量，还可提高土壤的肥力。最适宜的播种时期为3月下旬到4月中旬，这一时期气温不高，水分蒸发量小，土壤墒情好，利于发芽、出苗和保苗。播种时应注意不宜深播，一般深度为1～2厘米。播种方法可采用人工撒播和机械播种。人工播种多用于小块地、草地补播、水土保持的坡地上，缺点是深浅不一致，出苗不整齐，且无行距，难以进行中耕锄草等管理。机械播种适合大面积播种，便于后期田间管理，而且播种质量好、产量高、效益好。机械条播播种量1～1.5千克/亩，人工撒播播种量2千克/亩左右。

紫苜蓿的幼苗生长较慢，及时清理田间的杂草，为幼苗的生长创造良好的条件。小面积种植地可进行人工除草，大面积的种植地宜选择适宜的专用除草剂除草，做好中耕工作，以破除土壤板结，增强土壤通透性。紫苜蓿为多年生植物，一次播种可多年收获，因此要在种植前就要对种植地施足基肥，以增加土壤的肥力，基肥一般选择农家肥，以每亩167～233千克随深耕施入。灌溉要做好适时、适量，因紫苜蓿耐旱，不耐涝，因此不可灌水过量，在播种前要灌水1次，播种后的苗期则保持土地湿润即可，以后则每刈割1次灌水1次。如果遇到种植地积水的现象，则要及时排水，以免造成紫苜蓿死亡。紫苜蓿的病虫害防治工作，除了要选择高抗病虫害的品种外，还要加强田间的管理。实施早期刈割是控制病虫害的主要方法，如果发现病虫害则要及时采取措施，有针对性的防治。

（3）其他功用。紫苜蓿是世界各国广泛种植的牧草。其茎叶柔嫩鲜美，不论青饲、青贮，还是调制青干草、加工草粉、用于配合饲料或混合饲料，都是各类畜禽喜食的饲料，也是养殖业首选的青饲料。紫苜蓿含有维生素B、维生素C、维生素E、10多种矿物质及类黄酮素、类胡萝卜素、酚型酸等营养物质。

4.长柔毛野豌豆

（1）植物学特性。长柔毛野豌豆属豆科野豌豆属一年生草本植物。攀援或蔓生，植株被长柔毛，长30～150厘米。茎柔软，有棱，多分枝。羽状复叶，叶轴顶端有卷须；托叶呈半边箭头形；小叶长圆形、披针形至线形。总状花序，具花10～20朵；花冠紫色、淡紫色或紫蓝色。荚果长圆状菱形，长2.5～4厘米。种子2～8粒，球形。花果期4～10月。

（2）种植要点。在我国很多山区和丘陵地带由于肥料严重缺乏，导致玉米产量和质量低而不稳定。20世纪五六十年代，大力倡导种植长柔毛野豌豆作为绿肥，对改良土壤、培肥地力、提高玉米产量起起到了重要的作用。长柔毛野豌豆耐旱、耐酸、耐盐碱，喜温暖，不耐高温；喜沙壤土及排水性较好的土壤，不耐低洼潮湿，适宜土壤的pH为5～8.5，温度在20℃左右生长最快。长柔毛野豌豆的耐寒性强，在－30℃低温时仍能生存，也具有耐旱性，在年降水量不少于450毫米的地区都可种植。秋播一般9月中、下旬播种。播种前应整地、施肥，施肥以有机肥和磷肥为好。每亩播种量3～4千克，旱田多条播，水田多撒播，也可与其他作物混播。

长柔毛野豌豆喜湿怕涝，生育期应根据情况灌溉，以促其分枝，但也应注意排水防涝。生长期间追施磷、钾肥和少量氮肥，可提高鲜草和种子产量。春播长柔毛野豌豆，越夏前生长缓慢，茎长仅10厘米，至9月长达120厘米以上，第二年5月开花，7月结实而死亡。冬前及第二年早春可刈割二次。秋播的长柔毛野豌豆越冬时茎长20厘米，第二年2月下旬开始生长，4月现蕾，5月开花，6月种子成熟。长江下游地区8月中旬至9月中旬播种，10月下旬至12月上旬刈割1次，第二年4月中旬又可刈割1次。刈割留茬高度为15厘米。

（3）其他功用。长柔毛野豌豆含蛋白质及矿物质都很丰富，营养价高。其茎软叶多，适口性好，各种家畜均喜食，可作青饲料或晒制干草，是春末夏初良好的青饲料来源。猪、马、牛、羊都可用鲜料饲喂。奶牛在长柔毛野豌豆与燕麦混播草地上放牧，能显著提高产乳量。也可将长柔毛野豌豆制成干草粉，混入日粮中喂猪。长柔毛野豌豆的种子可提取植物凝血素，应用于免疫学、肿瘤生物学、细胞生物学及发育生物学，其研究及实验国内外均有报道。

5.百脉根

（1）植物学特性。百脉根属豆科百脉根属多年生草本植物，高15～50厘米。茎丛生，平卧或上升，近四棱形。羽状复叶，小叶5枚。伞形花序，花3～7朵集生于总花梗顶端，花冠黄色或金黄色，干后常变蓝色。荚果直，有多数种子，种子细小，卵圆形，长约1毫米，灰褐色。花期5～9月，果期7～10月。

（2）种植要点。百脉根主根粗壮，侧根多而发达，主要分布于0～25厘米土层内。茎自然高度20～50厘米，直立高度能达到50～90厘米。一年生植株一般有分枝5～10个，每个分枝上有侧枝3～15个。三年生植株，分枝数可达到100个左右。百脉根喜温暖湿润气候，根系发达，入土深，有较强的耐旱力，其耐旱性强于红车轴草而弱于紫苜蓿，适宜的年降水量为210～1910毫米。对土壤要求不严，在弱酸性或弱碱性、湿润或干燥、肥沃或贫瘠地均能生长。适应的土壤pH为4.5～8.2，耐水渍，在低凹水淹4～6周情况下不表现受害。百脉根从温带至热带均能生长，适应的年均温度为5.7～23.7℃，对极端温度的耐受力强，抗寒力稍差。百脉根为长日照植物，达盛花期需16小时左右的日照。

百脉根种子小，用量少，盖土薄，北方旱区一般春旱较重，如果土壤墒情差，春播则不易保全苗。夏季雨量充足，但暴雨容易造成土壤板结，影响出苗，另外气温过高容易灼伤幼苗，所以夏季播种应尽量避开高温、多雨气候。百脉根苗期生长缓慢，容易受杂草危害，春、夏季播种要及时防除杂草。秋季播种土壤墒情好，杂草少，但要在霜降来临的一个月前进行，以使百脉根有充分的营养生长时间，确保安全越冬。播种深度为1～1.5厘米。每亩播量为0.3～0.4千克。可在开花期刈割中上部花荚1～2次。植株在

9月下旬刈割，可促进晚秋根茎萌发新芽，延长青绿期，增加观赏价值。

（3）其他功用。百脉根茎叶柔软多汁，碳水化合物含量丰富，质量超过紫花苜蓿和车轴草。生长期长，能抗寒耐涝，在暖温带地区的豆科牧草中花期较早，到秋季仍能生长，茎叶丰盛，年割草可达4次。百脉根是一种优良的园林绿化植物，可广泛用于景观设计、城市道路、高速公路及铁道两旁绿化。

6.黑麦草

（1）植物学特性。黑麦草属禾本科黑麦草属多年生草本植物。具细弱根状茎，秆丛生，高30～90厘米。叶片线形，长5～20厘米。穗状花序，直立或稍弯，长10～20厘米，小穗轴节间长约1毫米，平滑无毛。颖果长约为宽的3倍。花果期5～7月。

（2）种植要点。黑麦草喜温凉湿润气候。宜于夏季凉爽、冬季不太寒冷地区生长。10～25℃为生长适宜温度，35℃以上生长不良。光照强、日照短、温度较低对分蘖有利。黑麦草耐寒、耐热性均差，不耐阴。对土壤要求比较严格，喜肥不耐贫瘠。略能耐酸，适宜的土壤pH为6～7。须根发达，植株丛生，分蘖数很多，一般100枝左右，单株种植时可多达250～300枝，分蘖适温为15℃。喜湿润性海洋性气候，冬季过冷、夏季过热均不适宜生长。适宜年降水量为1 000～1 500毫米，不耐干旱，夏季干热尤为不利。肥沃黏质土壤最适宜，耐酸，红壤也能生长。每年8~9月播种为宜，春季3月中旬也可播种，每亩播种量为1千克左右。一般采用条播，行距30厘米，也可与白车轴草、草木樨、野豌豆、紫云英等混播。播种前，翻耕土地，并施腐熟有机肥（每亩1 500千克）作底肥，然后将土壤整细。出苗后，若遇干旱，应及时浇灌清粪水。在分蘖期应追施一次肥料，并加强除杂草工作。春播多年生黑麦草，可刈割1~2次，亩产鲜草1 000~2 000千克，青海一带春播的多年生黑麦草高产地区，当年亩产鲜草3 600千克以上。每年每亩可收干物质1 500~1 600千克。秋播的，冬前可刈割1次，第二年7月上旬以前可刈割2~3次，每亩总产量4 000~5 000千克。刈割留茬高度不应低于5厘米。

3.其他功用。黑麦草也为高尔夫球道常用草，在温带和寒带地区则用针叶树等常绿树种造景。

7.高羊茅

（1）植物学特性。高羊茅属禾本科羊茅属多年生草本植物，直立，高90~120厘米。叶片线状披针形，先端长渐尖，通常扁平，上面及边缘粗糙，长10~20厘米。圆锥花序，长20~28厘米，小穗长7~10毫米，含2~3花。颖果长约4毫米，顶端有毛茸。花果期4~8月。

（2）种植要点。高羊茅具有抗践踏、抗干旱能力，同时适度耐阴，缺点是抗冻性稍差，适合于高沙土地区生长。性喜潮湿、温暖的气候，在肥沃、潮湿、富含有机质、pH为4.7 ～ 8.5的细壤土中生长良好。不耐高温，喜光，耐半阴，对肥料反应敏感，抗逆性强、耐酸、耐瘠薄，抗病性强。播种前清除地中杂草、树枝、树叶及草根、树根，用拖拉机翻耕、耙地。要求整地平整，以方便后期放水、灌水。翻地前灌一次播前水，基肥可按照耕地肥力，每亩施农家肥1 000 ～ 2 000千克，或尿素10 ～ 15千克。依照不同条件选择春播或秋播。春播可于3月中下旬至4月中旬播种，秋播可于8月下旬至9月上旬播种。播种方式可选择撒播或条播，每亩播种量0.5 ～ 1.5千克。高羊茅适应性强，出苗快且整齐，播后7 ～ 10天即可出苗。出苗期间要求土壤保持湿润，气温过高容易导致幼苗焦枯而死。出苗后如遇高温天气要及时灌水。播种后出苗前，若遇土壤板结，需及时耙地，以利出苗。高羊茅的草害主要集中在苗期，由于幼苗长势弱，生长不旺盛，容易受到杂草侵害，可适期早播，抢在杂草出苗前出苗，靠自身优势抑制杂草，或在高羊茅生长至高10厘米前，及时中耕去除田间杂草，中耕后追施氮肥，促进高羊茅生长。高羊茅为禾本科牧草，喜水肥，尤其是对氮肥需求量大，其次为磷、钾肥。待土壤干结、新叶颜色发暗时，及时浇水，每次浇水量以湿润土深10 ～ 15厘米即可。在株高60厘米以上、基部叶色显现黑绿色、叶脉清晰变白、叶片厚重时，即可刈割。

（3）其他功用。高羊茅可在华北和西北中南部没有极端寒冷冬季的地区，华东和华中以及西南高海拔较凉爽地区种植，可用于家庭花园、公共绿地、公园、足球场等运动草坪。

8.鸭茅

（1）植物学特性。鸭茅属禾本科鸭茅属多年植物，茎秆直立或基部略弯，高40～120厘米。叶片扁平，边缘或背部中脉均粗糙，长10～30厘米。花序开展，长5～15厘米，小穗多聚集于分枝上部，含2～5花，绿色或稍带紫色。小穗着生在穗轴的一侧，每小穗3～5朵花，开花受精后，松散成鸡脚形。种子先端弯曲，千粒重1.0克左右。花果期5～8月。

（2）种植要点。鸭茅耐阴性能强，故又称果园草，在光线缺乏地方，入射光线33%被阻断达3年情况下，对鸭茅产量和存活无致命影响。鸭茅耐寒性中等，早春晚秋生长良好，耐热性差。以湿润肥沃的黏壤或沙土为佳，一般性土壤鸭茅也能生长。以9月中、下旬播种为宜，低温地带则宜春季播种，每亩播种量为0.75～1千克，可与白车轴草、红车轴草、紫苜蓿、黑麦草等混播。因鸭茅种子细小，苗期生活力弱，与杂草竞争力差，故播种时必须精细整地。苗期要中耕除草2次，以消除杂草。鸭茅以刚抽穗时刈割最好，秋播的鸭茅第二年夏季前可刈割2次，亩产2 500～3 000千克。鸭茅长成后多年不衰，春季发生早，夏季不衰，叶多于茎，适宜放牧。可以与白车轴草混播供放牧用，如管理得当，可持续多年，待白车轴草衰败后，可以任家畜在草地上重牧，然后在秋季补播豆科牧草以更新草地。

（3）其他功用。鸭茅生长繁茂，至晚秋尚青绿，含丰富的脂肪、蛋白质，是一种优良的牧草。适于抽穗前收割，花后质量降低。处于营养生长期的鸭茅，饲用价值与紫花苜蓿相似，盛花期以后的饲用价值只有紫花苜蓿的一半。

9.荠菜

（1）植物学特性。荠菜属十字花科荠属一年或二年生草本植物，高10～50厘米。茎直立，基生叶丛生呈莲座状，大头羽状分裂，基生叶长可达12厘米，叶柄长5～40毫米，茎生叶窄披针形或披针形，长5～6.5毫米，边缘有缺刻或锯齿。总状花序，花梗长3～8毫米，花瓣白色。角果倒三角形。种子2行，长椭圆形，长约1毫米，浅褐色。花果期4～6月。

（2）种植要点。荠菜属耐寒植物，喜冷凉湿润的气候，种子发芽适温为20～25℃，生长适温为12～20℃。气温低于10℃、高于22℃时，生长缓慢。荠菜对土壤要求不严，但肥沃疏松的土壤能使其生长旺盛，叶片肥嫩。对土壤pH要求为中性或微酸性。荠菜的根系发达，主根入土较深，侧根分布浅且范围较宽，具备较强适应能力。对光照的需求量不大，在冷凉短日照条件下，仍可以良好生长。夏、秋季播种，荠菜种子需进行低温处理，打破休眠。种子直接（或用细沙拌匀）置于2～7℃冰箱中，经7～9天低温处理后播种，3～5天即可齐苗。隔年的陈种子则不需催芽。播种时浇足底水，播前拌种子量2～3倍的细土或细沙，将种子均匀撒在畦面上，用耙子轻轻覆土，稍踩实，并轻拍土面，使土壤与种子紧密接触，尽量做到定量匀播。春季播种，每亩用种量0.75千克；夏、秋季播种，每亩用种量1.0～1.5千克。夏季或早秋播种时气候炎热、干旱、暴雨多，出苗困难，需覆盖遮阳网。荠菜植株较小，易与杂草混生，除草困难，费工费时。生长期应经常中耕，及时拔除杂草。

（3）其他功用。荠菜全草入药，有利尿、止血、清热、明目、消积功效。茎、叶作蔬菜食用。种子含油20%～30%，属干性油，供制油漆及肥皂用。

10.蛇莓

（1）植物学特性。多年生草本。匍匐茎多数，长30～100厘米。小叶片倒卵形至菱状长圆形，先端圆钝，边缘有钝锯齿。花直径1.5～2.5厘米；花瓣倒卵形，长5～10毫米，黄色。聚合瘦果鲜红色，有光泽，直径10～20毫米。花期6～8月，果期8～10月。

（2）种植要点。蛇莓生命力强，3月中旬发芽，4～5月生长旺盛，6月下旬至7月下旬生长稍慢，八九月生长迅速，10月后生长减慢。到11月下旬，仍然健壮深绿，12月初叶片干枯发黄，地面生长停止，全年生长期约9个月。冬季匍匐茎冻死，有深根系的植株成为独立的母株，翌年春天又长出新的匍匐茎。蛇莓春季萌芽早，长势旺，与杂草的竞争力强，长蛇莓的地方很少有杂草。蛇莓生长季长，在栽培条件下，整个生长季节均可开花，直至10月中旬，仍可见花果并存。春夏季花量大，形成艳丽花果点缀的草坪。繁殖简单，保证水分充足的条件下，蛇莓匍匐茎分株繁殖成活率可达100%，在自然生长状态下全年可分株60株以上。蛇莓耐旱性强于白三叶等草种，炎热的夏天连续14天不浇水且没有降雨的情况下，叶形、叶色无明显变化，只是匍匐茎伸长速度变慢。喜水耐涝，充足的水分能明显提高生长速度，增加分蘖数，增强地面覆盖能力。10月下旬生长依然旺盛。蛇莓抗旱性强，12月初气温下降至0℃以下，有深根系的植株依然翠绿，可保持到12月中旬。蛇莓病虫害少，仅在秋季特别阴湿的年份，局部有白粉病发生，并且一般不造成落叶。

蛇莓春季萌芽早，生长迅速，病虫害少，不需要打药。在形成草坪之前，为防治其他杂草，只需刈割两三次，留茬高度8.0～10.0厘米，不需使用除草剂。成坪后由于植株低矮，杂草少，不必刈割。可以粗放管理，养护成本低。蛇莓的根系浅，致密但纤细，不会与果树争夺太多的水分和养分。但生草果园还是要比清耕果园每亩增施5～10千克尿素，并多浇水两三次，以满足果树和蛇莓旺盛生长时对肥水的要求。

（3）其他功用。果园种植蛇莓，除了可以抑制杂草、培肥地力、改善果园生态环境外，还可以形成优美的景观。蛇莓全草药用，能散瘀消肿、收敛止血、清热解毒。茎叶捣敷治疗疮有特效，也可敷蛇咬伤、烫伤、烧伤。果实煎服能治支气管炎。全草水浸液可防治农业害虫、杀蛆等。

11.繁缕

（1）植物学特性。繁缕为石竹科繁缕属一年生或二年生草本植物，高10～30厘米。茎俯仰或上升，常带淡紫红色。叶片宽卵形或卵形，顶端渐尖或急尖，基部渐狭或近心形，全缘；基生叶具长柄，上部叶常无柄或具短柄。疏聚伞花序顶生，花梗细弱，花后伸长下垂，花瓣白色。蒴果卵形，具多数种子。种子卵圆形至近圆形，红褐色，直径1～1.2毫米。花期6～7月，果期7～8月。

（2）种植要点。繁缕植株矮小，一年内可刈割也可不刈割，不刈割也不会导致草荒影响果树生长。根系分布浅，可随雨水变化生长呈现快慢的自我调节，不与果树争水、争肥。且不影响耕作，不影响浇水灌溉、施肥挖穴等操作。生育期长，在3月中下旬便萌发生长，自5月下旬种子便开始成熟，一直持续至9月份。种子无休眠，脱落后遇雨水萌发，绿期可持续至10月下旬。分蘖力强，生长密度大，地面覆盖能力强，保水保墒性能好，可快速提高土壤有机质含量。繁殖力旺盛，花果期很长，花期集中于5～7月。结实力强，种子当年成熟当年萌发，6月成熟种子便开始新一轮的繁殖，果期集中于6～8月。繁缕一般在雨季生长旺盛，耐阴能力强，喜湿润的环境，适宜的生长温度为13～23℃，能适应较轻的霜冻。繁缕是一种镉富集植物，因此适用于镉污染的修复。

（3）其他功用。繁缕的茎、叶及种子供药用，嫩叶可以供人类食用。全草入药，有多种药用功效，尤其繁缕鲜汁液在治疗疱疹等病毒性皮肤病方面有显著疗效。因此种植繁缕，除了改善果园环境外，也可作为另外的一种收入来源。

12.鼠茅草

（1）植物学特性。鼠茅草是禾本科一种耐严寒而不耐高温的草本绿肥植物。根系一般深达30厘米，最深达60厘米。由于土壤中根生密集，在生长期及根系枯死腐烂后，既保持了土壤渗透性，防止了地面积水，也保持了通气性，增强果树的抗涝能力。鼠茅草地上部呈丛生的线状针叶生长，针叶长达60～70厘米。在生长旺季，匍匐生长的针叶类似马鬃、马尾，在地面编织成20～30厘米厚、波浪式的葱绿色"云海"，长期覆盖地面，既防止土壤水分蒸发，又避免地面太阳曝晒，增强果树的抗旱能力。

（2）种植要点。6、7月播种因高温而不萌发。8月播种能够发芽出土，但可因高温而死亡。北方果园9月底10月初播种比较适宜。幼苗像麦苗一样，越过寒冬，翌年3～5月为旺长期，6月中、下旬（小麦成熟期）连同根系一并枯死（散落的种子秋后萌芽出土），枯草厚度达7厘米左右，此后即进入雨季，经雨水的侵蚀和人们的踩踏，厚度逐渐分解变薄，地面形成如同针叶编织的草毯。秋施基肥或整刨果园翻入土中，可增加土壤有机质，激活微生物活性。

果园种植鼠茅草，能够抑制各种杂草的生长，并保持土壤通气性良好，一年内可减少5～6次锄草、松土用工费用。

鼠茅草播种前要清除杂草，整平整细地面，每亩撒种量1.5～2千克；覆土要薄，镇压要轻（铁耙拉一遍即可）；3～4月果树浇水前，每亩撒尿素30千克左右。

13.绞股蓝

（1）植物学特性。绞股蓝属葫芦科绞股蓝属草质攀援植物。茎细弱，具纵棱及槽。叶膜质或纸质，鸟足状，通常5～7小叶；小叶片卵状长圆形或披针形。花雌雄异株。雄花圆锥花序，花冠淡绿色或白色，雄蕊5。雌花圆锥花序，远较雄花之短小，花萼及花冠似雄花。果实球形，肉质不裂，成熟后黑色。种子卵状心形。花期3～11月，果期4～12月。

（2）种植要点。绞股蓝主要分布于山谷、沟旁和阴湿的山坡林间，喜阴湿、疏松肥沃的微酸性或中性腐殖质土壤。在10～34℃的温度范围内均能生长，但以16～28℃为适生温度。绞股蓝为半阴生植物，喜短日照和有一定荫蔽度的环境，光照度为40%～60%最适合其生长。空气相对湿度以80%最佳，土壤的含水量不宜过高，以表土常湿润、无积水为宜。其根系浅，主根与须根无明显区别，伸展范围窄，根吸收水、肥能力差。由于平铺地面生长藤蔓的节间可长出不定根，不定根入土形成浅根系，从而扩大了吸收水、肥的面积。

绞股蓝繁殖可分有性（种子）繁殖和无性（根、茎蔓）繁殖两种。秋季待浆果成熟，颜色变紫色时便可采收。果实晾晒风干后，用沙床贮藏过冬。当表土地温恒定在12℃以上（清明前后）即可播种。播前1周，先搓去果皮，用35～40℃的温水浸泡2～3小时，捞出晾干种皮上的水分，再与5～10倍量的细沙或细土混匀即可播种。播种量一般0.5～1千克/亩。因绞股蓝营养生长十分旺盛，其根和藤蔓分枝很多，可供扦插。在清明前后至立秋扦插均可。用带老根的藤蔓或带芽、带根的肉质地下茎作母株，每3节剪成一段作插穗，扦插时根要舒展、芽向上，地下埋2节，地上留1节芽，覆土要压实，细土盖沟，保持湿润。绞股蓝根系不发达，吸水肥能力差，但其藤蔓节间易生不定根。为了扩大根系，可以采用铺蔓压土法，即在藤蔓长约30厘米时，将其摆到行间，平铺在地面上，能长出不定根并扎入土里，扩大吸收面积。在幼苗未封垄前要经常中耕除草，若发现有缺苗断垄，可就地疏密补稀，带土移栽，确保全苗。

（3）其他功用。绞股蓝全草、根入药，有清热解毒、止咳祛痰及防癌抗癌之功效。绞股蓝总皂甙的单体皂甙多达80多种，其中6种是人参皂甙，其余70多种具有人参皂甙的基本结构，总皂甙是高丽参的3倍，可作为人参的代用品。绞股蓝的功能与人参相似，但又优于人参，具有多种生理活性，对人体有着特殊的调节功能，对胃癌、肝癌、直肠癌、子宫癌等20多种癌细胞有明显抑制作用，可用于防治肝炎、肾盂肾炎、肠胃炎、慢性气管炎，同时还具有显著的消炎、镇静、降血脂、平喘、催眠、抗紧张、抗衰老和抗疲劳等作用。

14.蒲公英

（1）植物学特性。蒲公英属菊科蒲公英属多年生草本植物。根圆柱状，叶倒卵状披针形，边缘有时具波状齿或羽状深裂。花葶1至数个，总苞钟状，淡绿色；舌状花黄色，边缘花舌片背面具紫红色条纹。瘦果倒卵状披针形，冠毛白色，长约6毫米。花期4～9月，果期5～10月。

（2）种植要点。蒲公英对温度的适应性较强，既抗寒又耐热，早春地温在3℃左右即可萌发，种子发芽最适温度为15℃，在25℃以上时则发芽缓慢，茎叶生长最适温度为20～22℃。其生长势强，野生于山坡、草地、河岸、大田、路边、地边埂、荒地。蒲公英对土壤要求不十分严格，能在各类土壤中生长，但人工栽培应选择肥沃、疏松的壤土种植。蒲公英耐旱、耐湿，为短日照植物，高温季、短日照有利抽薹开花；耐阴，但光照条件好的地方有利茎叶生长。

于5月下旬至6月上旬，收集野生蒲公英的成熟果实，晾干，留种备用。蒲公英抗寒，10℃以上可正常生长，宜秋播。冀中南一般在8月下旬播种，前期温度高、日照短、雨水多，利于蒲公英的生长，后期天气转凉，适于叶原基分化和叶片的生长。如果出苗前土壤干旱，可在播种畦的畦面先散盖一些麦秸，然后轻浇水，苗出齐后扒去盖草；出苗后适当控制水分，防止徒长和倒伏；在叶片迅速生长期，要保持田间湿润，以促进叶片旺盛生长；冬前浇一次透水，然后覆盖麦秸，以利越冬。当蒲公英出苗10天左右可进行第一次中耕除草，直到封垄为止。蒲公英可在叶长25～30厘米时采收，沿地表收割，保留地下根部，使其继续生长。

（3）其他功用。蒲公英食药兼用，营养丰富，成为餐桌新宠。目前，已在多地小面积种植，效益十分可观。

15.北柴胡

（1）植物学特性。北柴胡属伞形科柴胡属多年生草本植物。主根较粗大，基生叶倒披针形，茎中部叶倒披针形或广线状披针形，复伞形花序，花序梗细，常水平伸出，形成疏松的圆锥状，花瓣鲜黄色，果广椭圆形。花期9月，果期10月。

（2）种植要点。北柴胡常野生于较干燥的山坡、林缘、林中隙地、草丛及路旁；喜温暖、湿润环境，耐寒、耐旱、怕水浸，在沙壤土或腐叶土中生长良好。秋播10月中下旬土壤结冻前播完；春播4月中下旬化冻后进行。采用条播或撒播，每亩播种1.5～2千克，播后覆土厚度1.5厘米左右，镇压保墒。由于林地杂草较多，易发生草荒，出苗后及时除草松土，以保持土壤疏松、透气。前2次中耕除草可结合间苗、定苗进行。由于北柴胡苗上层有林木遮荫，一般较平地抗旱。但在种子发芽期和苗期应格外注意，干旱常会造成出苗不齐或小苗枯死。因此，在这一时段如遇上干旱要及时浇水。出苗前浇水要勤，出苗后水要浇透。如果地块离水源较近，可以直接用水泵喷灌；若离水源较远，则可在地块上方建蓄水池，以直流的方式浇灌。北柴胡最怕水涝，在雨季及时疏通排水，防止田间积水。2年生采收，一般在10月上旬进行。考虑到山地小气候因素，可以视具体情况适当提前或延后。采收时先割去地上茎叶，再挖出根部，要防止破皮。

（3）其他功用。北柴胡在医药上应用很广泛。

三、生草果园土肥水管理

（一）生草果园土壤管理

一个好的果园土壤应该能够使果树吃得饱（养料充足）、喝得足（水分充足）、住得好（空气和温度适宜）、站得稳（根系扎根扎实）。

1.土壤质地判断

土壤质地一般可划分为：沙土、沙壤土、轻壤土、中壤土、重壤土和黏土六级，其中壤质土属于良好质地类型，沙土和黏土则需要进行改良。

（1）手感判断。在野外，手感摸触质地参考标准如下：

沙土：湿时可勉强搓成球，但稍加压即散开；干时多呈单粒状态，所含细沙肉眼可见，在指间摩擦时有砂砾感觉，并发出沙沙声。

沙壤土：湿时可以搓成球，但不易搓成直径约3毫米的土条，即使勉强搓成短条，也一碰即断。在指间摩擦时，有明显的砂砾感觉。

轻壤土：湿时可以搓成直径约3毫米的土条，但提起即断。干时、湿时均能成土块，但不坚硬，易碎。指间摩擦时稍有砂砾感觉，但无沙沙声，也无特殊柔滑的感觉。

中壤土：湿时可以搓成直径约3毫米的细条弯曲成直径2～3厘米的圆环，但环外缘有细裂缝，压扁时有粗裂缝。干时结块，湿时较黏。

重壤土：湿时可以搓成直径约3毫米的细条，并能弯曲成直径2～3厘米的圆环，无裂缝，但压扁时产生细裂缝。干时结成大块，湿时黏韧。

黏土：湿时可以捏成各种形状，弯曲成的圆环压扁时也无裂缝，用手捻时有滑腻感。干时结成坚硬的大块，不易压碎，放在水中吸水也很慢。

在确定质地时，如果遇到石砾（直径大于3毫米的石块）达到一定含量，应先将石砾程度（面积比例）划分出来。

建议取3～5克土壤加入适量水后，使用以上标准进行鉴别；熟练标准后可以用大拇指肚和无名指肚感觉每种质地的感觉。

（2）土壤石砾含量划分标准（石砾直径大于2毫米）。①无砾质土，石砾含量小于10%。②轻砾质土，石砾含量10%～30%。③中砾质土，石砾含量30%～50%。④重砾质土，石砾含量大于50%。

（3）野外对土壤干湿度的描述。土壤干湿度一般分为五级：①干：土壤放在手心不感到凉意，用嘴吹气有尘土飞扬。②润：土壤放在手心有凉的感觉，吹气无尘土飞扬。③湿润：土壤放在手心有明显潮湿感觉，并能捏成土团，把土团放在纸上能很快使纸变湿。④潮湿：土团能使手湿润，并可能粘在手上。⑤湿：土壤水分过饱和，用手挤压土团时，可以从中流出水来。

2.果园生草对土壤的影响

生草种植对苹果园土壤所产生的影响是多方面的，主要对土壤容重、土壤pH、土壤温度、土壤含水量等产生积极影响。

（1）果园生草对土壤容重的影响。土壤容重反映土壤的松紧程度，受植被类型、耕作方式等因素影响。生草处理的耕层土壤容重显著低于清耕的土壤。自然生草后，草根对土壤的穿插作用增强，根和茎叶的腐烂增加了土壤有机质，有利于团粒结构的形成，这些都直接影响土壤容重的变化。

（2）果园生草对土壤温度的影响。果园生草由于增加了地表覆盖，在高温季节可减少太阳光对地面的直接照射，减缓热量向土层的传递，使得地表温度升高较慢，有效降低水分蒸发。在寒冷的冬季和夜晚，生草对地面可起到保温作用，有助于缩小果园土壤的年温差和日温差，增强果园的抗逆能力。

例如，葡萄园行间种植白三叶草，可使夏季高温时地表温度显著降低，特别是在12:00左右，降幅高达21.1%。茶园间作白三叶草，能降低土壤日温差，增强同一层次土壤温度的相对稳定性，有利于茶树稳产高产。在高原沟壑果园，覆草法在春、夏季对土壤具有明显的降温作用，在秋末覆草比清耕法提高地温1.5℃，具有一定的保温作用，有利于果树根系的生长和养分积累。桃树行间种植白三叶草，在温度低时起保温作用，在温度高时对桃园有降温作用，在春季干旱时较清耕区明显地提高相对湿度，从而为桃树提供适宜的环境条件。幼龄橘园间作黑麦草，或黑麦草和紫云英混播，具有冬季保暖作用，有利于幼龄橘园免受冻害，保证产量。

果园生草对土壤温度的调节是生草措施影响生态效应的重要基础。通过覆盖的措施降低土壤温差，不仅能减少土壤水分的无效蒸发，也有利于土壤微生物的繁殖和活动，从而促进有机质的分解及土壤养分的积累等过程。

（3）果园生草对土壤水分的调控。与传统的果园清耕相比，特定草种的引入能缓和降雨对土壤的直接侵蚀，减少地表径流，防止雨水冲刷，减少水土流失。尤其在黄土高原土质疏松地区和南方丘陵山地，生草增加水分入渗、保持水土的效果更为明显。在旱季时，生草可增加地表覆盖面积，减少水分的蒸发；在雨季时，生草能促进土壤多余水分的排出，促进果树的生长和养分吸收。相比于林间翻耕作业而言，生草后地表覆盖可以极大地改善土壤水分和养分状况。

果园生草模式下，果树与草存在水分竞争，而且竞争多发生在0～40厘米土层内。但二者间的水分竞争会受到降水量、草和果树根系分布、草和果树共生年

限等的影响。因此，可以通过选择适宜的草种、调整
果树布局、合理灌溉和刈草等来控制耗水，减弱竞争。

（4）果园生草对土壤酶活性的影响。研究表明，
在0～60厘米土层，果园生草区及清耕区过氧化氢
酶、尿酶及碱性磷酸酶活性变化趋势是上层明显高于
下层，随土壤深度增加而减少；果园生草区生草第三
和第五年土壤过氧化氢酶、尿酶及碱性磷酸酶活性都
显著高于清耕区，并随生草年限的增加，3种酶活性
趋于增加；同时，不同的果园生草对过氧化氢酶、尿
酶、碱性磷酸酶活性影响存在差异。生草栽培提高了
梨园土壤碱性磷酸酶、蔗糖酶和过氧化氢酶的活性。
对葡萄园行间种植的紫花苜蓿、白三叶和高羊茅等土
壤酶活性研究测定结果表明，行间播种紫花苜蓿使土
壤的脲酶、磷酸酶及纤维素酶活性明显高于其他处
理，而过氧化氢酶在各处理中变化不大。土壤酶是微
生物及植物根系等产生的生物活性物质，与土壤肥力
状况和土壤环境质量密切相关，土壤酶活性增加也表
明种草改善了土壤的质量。

（5）果园生草对土壤肥力的调控。果园生草后，
果园土壤肥力得到了大幅度改善。邓丰产发现，随着
生草年限的增加，种植小冠花的果园内，土壤有机质
含量呈现逐年增加的现象。柑橘园生草和李园生草
后，土壤的氮、磷、钾含量都高于清耕区。但是，生
草对果园土壤肥力的改善可能受土壤营养状况、果树
和草的根系吸收特性的影响，在生草的不同时期表现
不一。如李会科等发现，在果园生草前期，0～40厘

米土层土壤养分的消耗大于积累，而在第五年，土壤有机氮、磷、钾都有了活化，呈现出增加的趋势。此外，果园生草可以降低土壤容重，增加土壤孔隙度，使水稳性团聚体含量升高，而且，随生草年限增加，果园土壤物理特性的改善愈加明显。果园土壤微生物群落结构及组分的改变与果园产量、果品质量密切相关，而前者在土壤有机物质分解、系统养分循环及能量流动等过程中起决定性作用。果园土壤微生物种类会因果树和草的种类变化而不同，但整体而言，生草后果园土壤中的微生物含量和活性都得到了增加。在三叶草和苜蓿的生草园中，土壤微生物生物碳和氮含量都比清耕区高。葡萄园生草后土壤微生物含量明显增加，较之于清耕区，固氮菌与纤维素分解菌数量升幅较大。猕猴桃园生草增加了果园土壤线虫群落多样性。此外，果园生草提高了果园土壤的酶活性，并且生草年限、草种不同还会引起土壤酶种类和活性发生变化。因此，果园行间种草有利于土壤微生物活动，提高对腐殖质的分解能力，加强养分循环，有助于土壤肥力提高。

3.果园生草对生态环境的影响

（1）果园生草对温差的影响。生草栽培由于增加了地面覆盖率，在高温季节可以有效降低地温，从而减少土壤水分蒸发，冬季和夜晚通过减少地热的散失则起到了保温作用，因而缩小了果园的年温差和日温差，达到抗旱保墒的作用，并增强了果树的抗逆能力。王美存等在云南怒江坝7龄蛋黄果果园进行生草法（种植百喜草、铺地木兰）、覆草法（覆盖玉米秸秆、木豆枝叶）果园覆盖的田间试验，经过2年试验观察，结果表明，果园覆盖处理在最干热的5～6月，能明显降低果园空气和土壤温度，减小温差，提高相对湿度。李登绚等通过对果园生草与覆草后地温测定结果表明，生草区和树盘覆草区的不同土层地温随气温变化幅度小，在炎热的高温季节，与对照区相比分别降低1.7～2.6℃和2.1～2.9℃。刘殊等也认为，果园生草起到了平稳地温的作用，在寒冷季节，可提高冠下气温0.2～0.5℃，提高叶温0.2～1.0℃，提高地表温度2.0～3.0℃，提高根际土温1.0～2.0℃；在炎热季节，则分别降低气温、叶温、地表温度和根际土温达0.5～0.6℃、0.4～1.7℃、10.7℃和2.5℃。李国怀等对柑橘园生草栽培在高温季节的情况研究后发现，与清耕对照相比，地表温度日均值、最高值分别降低11.8℃和22.5℃，根际土温日均值、最高值也分别降低4.2℃和6.0℃，树冠层日均空气温度下降0.4℃，日均空气相对湿度提高4%。张名福试验表明，橘园采取生草覆盖后，夏季高温干旱前期的气温比清耕对照低1～10℃，空气相对湿度高8%～36%，高温干旱期气温低1～9℃，空气相对湿度高3%～9%。

（2）果园生草对水土保持的综合影响。采取梯田等工程措施的果园，由于地表裸露，仍然会由于雨滴击溅和径流冲刷而产生严重的水土流失，并由此带走大量富含腐殖质和盐基含量丰富的表土，导致土壤肥力下降。而生草覆盖后的果园，地表因覆盖度增加，有效地减少了雨滴击溅侵蚀的发生，同时增加的地表覆盖度又将降水拦截，极大程度地减少了地面径流及其对地表的冲刷，而生草发达的根系可以有效固结土壤，提高土壤的抗侵蚀能力。因此，果园生草可以有效地防治水土流失。黄炎和等采用径流小区法研究结果表明，带状覆盖与敷盖、全园覆盖、带状覆盖3种不同的生草方式，均能有效控制土壤侵蚀。刘士余等试验研究表明，红壤坡地果园生草栽培处理可以防止水土流失，并使土壤理化性质均有所改善。水建国等在红壤丘陵田地应用除草剂调控水土流失试验结果表明，与传统的清耕法相比，生草法可使地表径流量减少45.5%，土壤侵蚀量减少55.2%。Wiedenfeld等通过生草覆盖减少果园土壤中氮肥流失的试验研究结果表明，生草第一年就显著地降低了NO_3^-的流失。蒋光毅等从根系的角度研究果园生草水土保持效应，其研究结果表明，与退耕自然生草地相比，果草模式下植物根系形成网络状空间分布格局，促进了土壤的抗冲性土体构型形成。卢喜平等通过进一步研究结果表明，土壤的抗蚀性与土体中根系含量呈正相关变化，在南沱镇紫色土坡地发展的果草示范模式也表明，其根系明显地提高了土壤的抗蚀性。田明英等调查土壤根系分布发现，在距树干1.5米处挖1米×1米的剖面，在20厘米土层内1米长的剖面上，白三叶草的根系为266条，而清耕区几乎没有。张先来等在渭北地区试验发现，生草能够提高土层最大贮水量和田间持水量，而且种植黑麦草比白三叶草更能改善土壤贮水能力。李国怀等在柑橘园通过试验发现，未灌溉条件下7月后夏秋高温连旱季节生草栽培，可提高土壤含水率，如7～11月种植百喜草、白三叶草平均土壤含水率分别较清耕对照高2.10%和1.00%，其中尤以种植百喜草防旱保墒效果明显。

（3）果园生草对面源污染的影响。果园生草栽培技术，其最初是控制水土流失和生草养地，熟化土壤而得到大面积推广。随着果园土壤肥力得到提高，果园土壤有明显的富营养趋势，果园面源污染成为果园污染环境的重要问题。为了控制果园面源污染，现在常用的办法是坡改梯结合自然生草模式。坡改梯投资大，现主要靠政府投资的形式。而自然生草模式，难以控制草被植物的生长，且严重影响果树生长，显著地降低果树根系活力和果实产量和品质。如何做到投资少，又能解决果园面源污染控制与果树生长的矛盾？龙忠富等研究表明，在果树幼龄期，果树行间种植百喜草，可使径流量与土壤流失量降到很低，有效地解决幼龄果园的水土和养分流失问题。朱青等制订了贵州缓坡地等高条带种植多年生植物作为栅篱的技术。黄炎和等研究表明，在侵蚀坡地果园中实施生草栽培带状覆盖与敷盖，与全园覆盖在控制土壤侵蚀方面同等有效。字淑慧等研究了高羊茅单作、高羊茅与红三叶混作、非洲狗尾草与红三叶混作等不同草带对坡耕地土壤侵蚀的影响。这些研究表明，带状生草栽培，可很好地控制果园面源污染。

（二）生草果园肥水管理

1.果树需要的营养元素

经过前人长期研究证实，果树所需营养物质（或称元素）的必需成分（或称营养元素）有17种，需补充的元素有13种。其中大量元素6种：碳C、氢H、氧O、氮N、磷P、钾K；中量元素3种：钙Ca、镁Mg、硫S；微量元素8种：硼B、锰Mn、铜Cu、钼Mo、铁Fe、锌Zn、氯Cl、镍Ni（图1）。

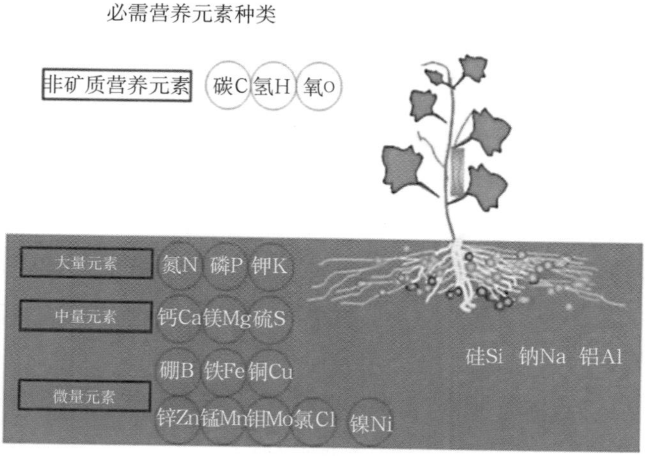

图1　果树需要的营养元素

2.果树常用的肥料

（1）有机肥料类。土杂肥、人粪或大粪干、鸡粪（干或湿体）、牛粪干、河泥、塘泥、猪粪、羊粪、绿肥等。

（2）无机肥种类。①无机氮肥：尿素、硫酸铵、氯化铵等。②无机磷肥：过磷酸钙（北方适用）、钙镁磷肥（南方适用）、重过磷酸钙等。③无机钾肥：硫酸钾、氯化钾等。④钙肥：硝酸钙、氯化钙、各种商品钙肥。⑤铁肥：硫酸亚铁、络合铁。⑥锌肥：酸锌。⑦硼肥：硼砂、硼酸。⑧锰肥：硫酸锰。⑨钼肥：钼酸铵。⑩镁肥：硫酸镁。⑪二元复合肥：磷酸一铵、磷肥二铵等。

（3）生物菌肥。又称为生物肥料。所采用的细菌主要是生物固氮菌、磷细菌、钾细菌等。将上述菌类分别与不同培养基质进行繁殖后，再进行混配成液态或固态肥料。

（4）果园绿肥。所谓果园绿肥，是指利用果树株、行间以及果园周边的空闲地，间作豆科植物（如毛叶苕子、紫花苜蓿、乌豇豆等），或与非豆科植物（如黑麦草等）混播，待其生长至初花或盛花期，留茬刈割集中作肥或直接翻入土中作肥的绿色植物鲜体。

（5）沼气肥料。是一种利用沼液对果树叶面喷施，沼渣施于果树根际土壤的肥料。

3.果树需肥规律

（1）根据果树的生长周期。①发芽前。应以土壤追施无机氮素肥料为主，施用量为全年氮素肥料用量的约1/3（图2）。②生理落果后至果实迅速膨大期间。研究证实，此时期内，果树因开花结实及生长，需要吸收利用较大量的氮素和钾素及少量磷素营养。且花后20～35天，是果树吸收钙和补施钙肥的最佳时期。③果实采收后。不同树种、不同品种因成熟收获期早晚不同，施用基肥时间也不同，一般施基肥时间大致在9月中下旬至11月初为宜。总的来说，果实采收后，应及时补施一次有机肥和无机肥相结合的重肥。

图2　果树发芽前以追施无机氮素肥料为主

（2）根据果实的不同时期。①第一次膨果期。建议施用一次硝酸铵钙，或一次硝基复合肥，不宜用尿素。②第二次膨果期。最适宜采用肥水一体化，少量多次施肥。速效肥和硝基复合肥效果较好，但风险也大，前氮后钾。③成熟期前后施肥。成熟期采取一次临时性措施，采后马上施一次肥。

4.果树施肥量的计算

（1）氮、磷、钾肥。在全国果树化肥试验网各单位共同努力下，特别在苹果方面试验比较全面，试验结果看出：①在氮肥基础上，施用磷肥或磷、钾肥，各果区均有提高产量、减轻病害、改善品质和提高氮素营养水平等效果。②苹果氮肥用量的大致范围为：未结果树每株0.08～0.25千克，生长结果期树每株0.25～0.5千克，结果生长期树每株0.5～1千克，盛果期树每株1～1.5千克。施肥时期以花芽分化前为重点，磷、钾肥可秋施。关于$N-P_2O_5-K_2O$的比例，幼苗为2：2：1或1：2：1，盛果期为2：1：2，但在缺钙地区应注意少用钾肥。总的原则是不要过量施用化肥（图3）。

图3　不要过量施用化肥

（2）钙、镁肥。由缺钙而引起的果实病害，可用土壤施用钙肥或叶面喷钙等措施来防控。在中性和酸性土壤上，可以施用硝酸钙来补充。在石灰性土壤上通常应注意少施或不施铵盐，也应注意运用修剪和喷施激素等方法，调节钙营养在树体中的分配，减轻枝叶与果实对钙的争夺。

关于镁肥方面的研究，许多资料证明，在酸性土壤或大量施用钾肥或石灰的果园，苹果与柑橘类均容易缺镁。克服果树镁失调的方法主要是施用白云石等含镁较多的石灰石粉。

（3）微量营养元素肥料。施用方法：①硼肥可以土壤施用或喷施。土壤施用时每株树硼砂100克，喷施时用0.2%硼砂。②喷施锌肥可以用硫酸锌，苹果树施用浓度为0.2%，葡萄、柑橘为0.5%～0.6%；叶面喷施效果优于喷芽。最近有的报道认为，硝酸锌比硫酸锌的效果为好，尤其是与0.5%尿素混喷效果更好。③铁肥的品种以螯合铁效果更好。新的螯合物的研究认为，乙二胺二邻-羟苯乙酸铁盐、亚硝酸盐（EDDHA-Fe）、环乙二胺四乙酸铁和亚硝酸盐（CDTA-Fe）效果较好，每株成龄苹果树或梨树需用量约100克。

5.果树传统施肥方法

传统施肥方法有撒施、沟施、穴施，从施肥时间上和用途上来说又包括土壤基肥、追肥和叶面肥。

（1）环状沟施。在树根外围挖一环形沟，其宽

30～50厘米，深15～45厘米。然后将表土与基肥混合施入，多适于幼树（图4）。

图4　环状沟施

（2）放射状沟施。在距树干1米的地方，挖6～8条放射状沟，沟宽30～60厘米、深15～40厘米，长度抵树冠外缘。挖沟时靠近树干内侧要浅，向外逐渐加深，并逐年更换位置，扩大施肥面，促进根系均衡发展（图5）。

图5 放射状沟施

（3）平衡状沟施。在果树行间或株间，距树干1米以外，开挖两条平衡沟，沟宽50厘米左右，深及根系集中分布层外，在沟内施肥（图6）。

图6 平衡状沟施

（4）穴施。在树干1米以外的树冠下，均匀挖10～20个深40～50厘米、上口直径25～30厘米、底部5～10厘米的锥形穴。穴内填枯草烂叶，然后用塑料布或土盖口。追肥浇水均在穴内，此法伤根少、施肥深，多用于液体肥料，比较适合保水、保肥力差的沙土果园（图7）。

图7　穴　施

（5）全园施肥。将肥料均匀撒在果园内，结合秋耕或春耕翻入土壤下。此法适用于成年果树和密植园，特别是根系已布满全园的果树（图8）。

图8　全园施肥

6.果树现代施肥技术

现代施肥技术有测土配方施肥、冲肥、变量控制施肥，从施肥时间上也要讲究基肥、追肥、叶面肥。

（1）测土配方施肥。测土配方施肥技术主要围绕"测土、配方、配肥、供肥、施肥指导"5个环节开展11项工作。具体包括：野外调查、采样测试、田间试验、配方设计、配肥加工、示范推广、宣传培训、数据库建设、耕地地力评价、效果评价、技术研发。

测土配方施肥是一种科学的作物施肥管理技术，简单说，就是在对土壤化验分析、掌握土壤供肥情况的基础上，根据种植作物需肥特点和肥料释放规律，确定施肥的种类、配比和用量，按方配肥，科学施用。"测土好比验血，配方好比开药，施肥好比治病吃药"。

测土配方施肥有四大好处：第一，通过测土，缺什么补什么，缺多少补多少，避免肥料浪费，减少投资，提高肥料利用率。第二，养分供应协调，作物抗病能力提高，改善农产品品质。第三，提高作物产量，增加收入。第四，节约资源，保护环境。

（2）冲施肥。冲施肥通常用水溶性化肥，主要是氮肥和钾肥，二者的水溶性强，通过肥水结合，让可溶性的氮、钾养分渗入土壤中，再为作物根系

吸收。冲施肥即灌溉施肥，而灌水方式可分井灌和
畦灌，也包括滴灌、喷灌。有的地方管理粗放甚至
用大水漫灌来冲施化肥。这种大水漫灌的施肥方式
突出了一个"冲"字，很容易造成氮素的大量损失，
同时也使水分的利用率低（图9）。

图9　冲施肥

（3）变量控制施肥。变量控制施肥技术由土壤
数据和作物营养实时数据的采集、决策分析系统、
变量控制施肥机械设备及变量控制技术等组成。实
现精确定位与变量作业，首先通过GPS确定所处位
置，再利用各类传感器采集作物和环境信息，实时
信息被输入到预装有农艺、土壤、植株、管理等方
面数据的机载决策系统，机载决策系统经过处理作
出决策，并传输到执行机构，由执行机构实现对肥
料的变量投入或操作调整。

7.植物生长三要素——氮、磷、钾

植物生长必需的营养元素有碳、氢、氧、氮、磷、钾、钙、镁、硫、铁、锰、铜、锌、钼、氯、硼，共16种，其中碳、氢、氧主要来源于空气和水。主要靠土壤供给的营养元素可分为三类：第一类是土壤里相对含量较少，农作物吸收利用较多的氮、磷和钾，叫做大量元素。第二类是土壤里含量相对较多，农作物需要却较少，像钙、镁、硫等，叫做中量元素。第三类是土壤里含量很少，农作物需要的也很少，主要是铜、铁、锌、硼、钼、氯，叫做微量元素，这部分营养元素可通过施有机肥得到部分补充。只有氮、磷、钾三元素，不仅作物需要的较多，而且土壤中含量又较少，因此，一般通过增施氮、磷、钾肥能取得明显的增产效果，人们习惯称氮、磷、钾是植物生长"三要素"。

8.施肥中存在的误区

（1）重化肥，轻有机肥。目前，农业生产中大量施用化肥，几乎不施或很少施有机肥，尤其是大田生产。因化肥很容易被土壤固定，长期施用造成土壤板结。而有机肥虽然自身的养分含量不高，但对改良土壤有很大作用，可加快土壤微生物的活动，促进土壤团粒结构的形成。团粒结构是作物生长最理想的土壤结构。

（2）重氮、磷肥，轻钾肥。钾元素也是植物生长必需的大量元素之一，施用适量的钾肥，可使作物秸秆变硬，增强抗倒伏能力，如玉米施钾抗倒伏能力明显增加。常用的钾肥有氯化钾、硫酸钾等。

（3）重大量元素肥，轻中微量元素肥。由于大量元素氮、磷、钾化肥使用的不断增加，农业产量的不断提高，农作物对中、微量元素的需求越来越迫切。虽然作物生长需要的微量元素很少，但对于敏感性作物，施用微量元素肥料增产效果明显。因此，在满足大量元素的同时，要重视微量元素肥料的施用。如玉米施锌肥、大豆施钼肥都会有明显的增产效果。

（4）施肥时期不适、方法欠妥，利用率低。在一些施肥操作中，由于施肥时期和方法掌握不好，造成肥料利用率大大降低。氮肥深施比表施利用率提高15%～20%；磷肥适宜底施，与氮肥混合施用效果更佳。比如，在玉米追肥中存在前重后轻的问题，作物苗期需肥量相对较少，生产中要改变传统施肥习惯，将追肥后移，在大喇叭口期追肥最好。

9.科学施肥的基本原理

包括养分归还学说、最小养分率、报酬递减律。

（1）养分归还学说。施肥的基本原理之一。德国化学家李比希1843年在所著的《化学在农业和生理学上的应用》一书中，系统地阐述了植物、土壤和肥料中营养物质变化及其相互关系，提出了养分归还学说。认为人类在土地上种植作物，并把产物拿走，作物从土壤中吸收矿质元素，就必然会使地力逐渐下降，从而土壤中所含养分将会越来越少，如果不把植物带走的营养元素归还给土壤，土壤最终会由于肥力衰减而成为不毛之地。因此要恢复和保持地力，就必须将从土壤中拿走的营养物质还给土壤，必须处理好用地与养地的矛盾。

（2）最小养分率。指作物为了生长发育需要吸收各种养分，但是决定作物产量的却是土壤中那个相对含量最小的养分因素，产量也在一定限度内随着这个因素的增减而相对地变化，如果无视这个限制因素的存在，即使继续增加其他营养成分，也难以再提高作物产量。

（3）报酬递减律。指在生产条件相对稳定的前提下，随着施肥量的增加，作物产量也随之增加，但增产率为递减趋势，出现增产不增收的现象。充分认识报酬递减这一经济规律，并用它来指导施肥，就可避免施肥的盲目性，提高肥料的利用率，从而发挥肥料最大的经济效益。另外，我们也不应该消极的对待它，片面地以减少化肥施用量来降低生产成本；相反，我们应研究新的技术措施，促进生产条件的改进，在逐步提高施肥水平的情况下，力争提高肥料的经济效益，促进农业生产的持续发展。

10.土壤样品的采集

采样深度为耕层土壤20厘米。取样可选择东、西、南、北、中5个点，去掉表土覆盖物，按标准深度挖成剖面，按土层均匀取土（用铁锨取土时要丢掉与铁锨直接接触的土壤）。然后，将采得的各点土样混匀，用四分法逐项减少样品数量，最后留1千克左右即可。取得的样品装入塑料袋，袋的内外要挂放标签，标明取样地点、日期、户主姓名、下茬作物和计划产量。注意取样要避开田间地头，否则代表性差。

11.有机肥料与化肥的性质和特点

（1）有机肥料含有一定数量的有机质，有显著的改土作用。化学肥料不含有机质，只能供给矿质养分，没有直接的改土作用。

（2）有机肥料含养分种类多，但养分含量低。化学肥料养分含量高，但养分种类比较单一。

（3）有机肥料供肥时间长，但肥效缓慢。化学肥料供肥强度大，肥效快，但肥效不持久。

（4）有机肥料既能促进作物生长，又能保水、保肥，有利于化学肥料发挥作用。化学肥料虽然养分丰富，但某些养分易挥发、淋失或发生强烈的固定作用，降低肥效。

12.水溶性肥料的分类

按养分名称分类：氮肥、磷肥、钾肥、硫肥、钙肥、镁肥、硼肥、锌肥、铜肥、钼肥等。

按材料来源分类：无机肥、有机肥。

按形态分类：固体肥、液体肥、气体肥（CO_2）。

按施用部位分类：常规化肥和有机肥（土壤施

用）、叶面肥（叶面施肥）。

按溶解度分类：完全水溶（尿素、钾肥等）、部分水溶（过磷酸钙、颗粒复合肥等）、完全不溶（磷矿粉、秸秆类有机肥）。

施用水溶性肥料是科学施肥和设施施肥的要求。

13.植物根系吸收养分的原理

（1）扩散。由于植物根系对养分离子的吸收，导致根表离子浓度下降，从而形成土体—根表之间的浓度差，使离子从浓度高的土体向浓度低的根表迁移的过程（图10）。

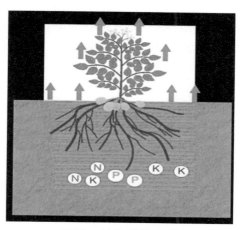

图10　养分扩散吸收

（2）质流。土壤中养分通过植物的蒸腾作用而随土壤溶液流向根部到达根际的过程，是土壤养分向植物根部迁移的一种方式（图11）。

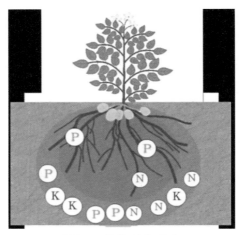

图11　养分质流吸收

质流和扩散需要水做媒介，没有水，这两个过程不能完成，所以根系吸收不到养分。通俗讲，就是肥料必须要溶解于水，根系才能吸收，不溶解的肥料是无效的。

14.水溶性肥料的特点

养分含量高，营养全面（N、P、K大于50%）；杂质少（小于5.0%）；复合化，特别是与微量元素复合；多功能化，有腐殖酸、氨基酸类水溶性肥料等；形态多样化，固态、液态、悬浮态等。

15.生草果园滴灌施肥的应用

采用滴灌系统施肥可为果园精确施肥提供条件，非常显著地提高施肥、灌溉效率，降低生产成本，提高产量、品质，最终提高经济效益。滴灌施肥技术已经在全世界广为推广，深受欢迎。由于相当比例的果农对生草栽培技术措施有顾虑，其中最大的困扰是传统的施肥浇水方式不能与生草措施匹配，因此需要在非集约化、非标准化的分散果农果园中采取投资少、见效快、简便易行的简易水肥一体化装置以达到合理施肥和灌溉的目的（图12）。

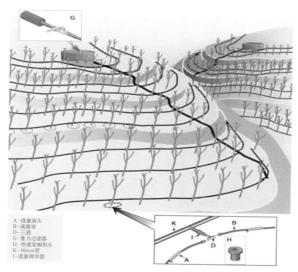

A-微量滴头
B-滴灌带
D-三通
G-重力过滤器
H-快速套轴衔头
K-16mm管
I-流量调节器

图12 果园重力滴灌系统

通过滴灌系统施肥，一方面由于可溶肥随着水直接施入作物根系密积区，作物棵间空地上无任何肥料浪费。另一方面滴灌是以小流量以滴水形式渗入根区，非常容易控制。水、肥均不会有深层淋洗浪费。滴灌施氮，肥料利用率可达74%，而传统施法一般不会超过35%。

16.采用滴灌系统施肥的缺陷

采用滴灌系统施肥的缺陷主要是：有可能堵塞滴头。肥料必须是可溶的，不可溶的肥料会迅速堵塞滴头。肥料原料之间化学反应还会产生沉淀，时间一长，沉淀物会堵塞滴灌系统。施肥均匀度取决于灌溉均匀度，如果滴灌系统均匀度高，则施肥均匀度也高。因此，滴灌均匀度是一个非常重要的指标，应当千方百计提高滴灌均匀度，如采用压力补偿滴头、在管路的适当方位加装调压器。

17.化肥的溶解性简要判断

利用滴灌系统施肥，要认真研究肥料的溶解性。不溶、溶解度低或在某种条件下极易反应形成沉淀的肥料，避免选用。大部分固态化肥有包衣。为了避免包衣对滴灌系统产生堵塞，最好选取少量样品放入溶解罐中搅拌，然后观察包衣的溶解情况。如果溶解后包衣物质沉淀到罐底，在施用时，让注肥器吸取上层溶液，不要搅动肥料溶液整体。

尿素、硝酸、硝酸钙、硝酸钾溶解时要吸收水中的热量，水的温度大幅降低。此时，溶解量可能达不到要求量。为了充分溶解，最好让溶液放置几个小时，随着温度上升，其余未溶解部分会逐渐溶解，然后就可注入滴灌系统了。

注入滴灌系统之前，先做观测试验，以便评估堵塞滴头的可能性。有些肥料要溶入肥料 1 ～ 2 小时，才能看出是否有沉淀形成和沉淀量的多少。如果溶入水中数小时，溶液仍呈混沌状，则有可能堵塞滴灌系统。如果数种肥料同时施，应在注入系统之前取样，以实际比例同时放入观察罐中观察混合后的溶解情况，然后决定是否同时注入。

18.滴灌系统施氮肥

氮肥是利用滴灌系统施用最多的肥料。氮肥一般水溶性好，非常容易随着灌溉水滴入土壤而施入到作物根区。但如果控制不当，也很容易产生淋洗损失。由于滴灌流量小（单滴头一般4～8升/小时），控制淋洗损失非常容易做到。如果灌溉、施肥均实施自动控制，则淋洗损失可完全避免。在所有氮肥中，尿素及硝酸铵最适合于滴灌施肥。因为施用这两种肥料的堵塞风险最小，氨水一般不推荐滴灌施肥，因为氨水会增高水的pH。pH的增高会导致钙、镁、磷在灌溉水中沉淀，堵塞滴头。硫酸铵及硝酸钙是水溶性的，但也有堵塞风险。如果连续施氮，灌溉系统停泵后，灌溉系统残留的水中仍长期会有氮，这时，氮的存在会滋养微生物在系统中生长，最后堵塞滴头。

19.滴灌系统施磷肥

磷在土壤中不像氮那样活跃，一般磷的挥发、淋洗损失没有氮多。大部分作物生长早期需要磷，所以应在栽种之前或栽种时施用磷肥。在生产阶段如发现缺磷迹象，在灌溉水中注入磷肥，可补充磷的不足。

注入磷肥可能会堵塞滴灌系统。由于水与磷肥的反应，水中往往会产生固体沉淀，从而引起堵塞。大部分固态磷肥由于溶解度低而不能注入灌溉系统中。有的磷肥含钙高，注入灌溉水中常常可引起沉淀，有可能会引起堵塞。形成的沉淀物非常难溶解，当磷、钙离子在溶液中机遇时会形成二价或三价的磷酸钙，这种盐的溶解度很低。同样，磷和镁会形成不溶于水的磷酸镁，易堵塞滴灌系统。有时要在滴灌系统中注入磷酸。除了是为作物施磷外，还可降低灌溉水的pH，降低pH可以避免沉淀物产生。降低pH的方法还有混合加入适当硫酸、磷酸，pH可降低到小于5.0。但是如果长时间注入磷酸会导致作物缺锌。一般只有在水中钙和镁的组合浓度低于50毫克/千克及碳酸氢盐浓度低于150毫克/千克时，才可注入。

20.滴灌系统施钾肥

钾肥都是可溶的，可以非常成功地注入滴灌系统中。可能出现的问题是，当把钾肥在肥料罐中与其他肥料混合时，有可能产生沉淀物堵塞滴灌系统。滴灌施肥常用的钾肥有：氯化钾（KCl）、硝酸钾（KNO_3）。磷酸钾不要注入滴灌系统中，溶解度低。

21.滴灌施肥常用的肥料

滴灌施肥常用的肥料主要包括：①硝酸铵溶液。②尿素+硝酸铵溶液。注意不要将硝酸钙一同注入，否则会产生沉淀物。③硝酸钙。④磷酸。千万不要将磷酸与任何含钙肥料一同注入，以免形成不可溶解的磷酸钙，堵塞滴灌系统。⑤氯化钾。⑥硝酸钾。硝酸钾价高，但无废物，既施氮又施钾，对柑橘生产非常有利。溶解度不如氯化钾，但比硫酸钾可溶性高。⑦硫酸钾。滴灌施肥常用肥之一。土壤含盐量高的地区常用硫酸钾代替氯化钾，其溶解度不如氯化钾及硝酸钾高。⑧固体尿素或尿素溶液。注意：不要将尿素与硫酸一同注入。

此外，硫酸并非肥料，不含氮、磷、钾，主要用来当北方灌溉水中富含碳酸氢盐时控制肥水 pH（调节 pH 降低到 6.5 ~ 7.0）。

22.滴灌施肥注意事项

（1）注入化肥会对过滤器、阀门等产生腐蚀作用，每次注肥完成后一定要有充分的时间冲洗整个系统，不应有任何肥料溶液残留在系统中，应将施肥罐清洗干净。

（2）如采用吸肥泵，施肥罐最好配置搅拌器。每次注肥前及注肥中应搅拌肥料以便加速溶解。

（3）一次注肥不要太多。使用滴灌施肥，最好采用少量多施法。土壤中施入过高浓度的肥料对作物生长不利。

（4）所有要注入的肥料必须是可溶的。同时还要注意不同肥料之间的反应。反应产生的沉淀物有可能堵塞滴灌系统。氮肥很少引起堵塞。磷肥引起堵塞的可能性非常大，一定要小心。注入磷酸，通常是最安全的。常用钾肥可快速溶解，一般不会有堵塞问题。

23.水肥一体化技术

狭义来讲，就是通过灌溉系统施肥，作物在吸收水分的同时吸收养分。通常与灌溉同时进行的施肥，是在压力作用下，将肥料溶液注入灌溉输水管道而实现的。溶有肥料的灌溉水，通过灌水器（喷头、微喷头和滴头等）将肥液喷洒到作物上或滴入根区。广义讲，就是把肥料溶解后施用，包含淋施、浇施、喷施、管道施用等。

24.水肥一体化技术的理论基础

植物有两张"嘴巴"，根系是它的大嘴巴，叶片是小嘴巴。大量的营养元素是通过根系吸收的。叶面喷肥只能起补充作用。施到土壤的肥料怎样才能到达植物的嘴边呢？通常有两个过程。一个叫扩散过程。肥料溶解后进入土壤溶液，靠近根表的养分被吸收，浓度降低，远离根表的土壤溶液浓度相对较高，结果产生扩散，养分向低浓度的根表移动，最后被吸收。另一个过程叫质流。植物在有阳光的情况下叶片气孔张开，进行蒸腾作用（这是植物的生理现象），导致水分损失。根系必须源源不断地吸收水分供叶片蒸腾耗水。靠近根系的水分被吸收了，远处的水就会流向根表，溶解于水中的养分也跟着到达根表，从而被根系吸收。因此，肥料一定要溶解才能被吸收，不溶解的肥料植物"吃不到",是无效的。在实践中就要求灌溉和施肥同时进行(或叫水肥一体化管理),这样施入土壤的肥料被充分吸收,肥料利用率大幅度提高。

25.水肥一体化常用措施

水肥一体化的前提条件就是把肥料先溶解,然后通过多种方式施用。如叶面喷施、挑担淋施和浇施、拖管淋施、喷灌施用、微喷灌施用、滴灌施用、树干注射施用等。其中滴灌施用由于延长了施肥时间,效果最好,最节省肥料。

26.滴灌施肥的优点

(1)滴灌施肥是一种精确施肥法,只施在根部,显著提高肥料利用率,与常规施肥相比,可节省肥料30%~50%。

(2)大量节省施肥劳力,比传统施肥方法节省90%以上。施肥速度快,千亩面积的施肥可以在一天内完成。

(3)灵活、方便、准确地控制施肥时间和数量。

(4)显著地增加产量和提高品质,增强作物抵御不良天气的能力。

(5)可利用边际土壤种植作物,如沙地、高山陡坡地、轻度盐碱地等。

(6)有利于防止肥料淋溶至地下水而污染水体。

(7)有利于实现标准化栽培。

(8)由于水肥的协调作用,可以显著减少水的用量。加上设施灌溉本身的节水效果，节水达50%以上。

（9）滴灌施肥可以减少病害的传播，特别是随水传播的病害，如枯萎病，因为滴灌是单株灌溉的。滴灌时水分向土壤渗入，地面相对干燥，降低了株行间湿度，发病也会显著减轻。

（10）滴灌施肥只湿润根层，行间没有水肥供应，杂草生长也会显著减少。

（11）滴灌可以滴入农药，对土壤害虫、根部病害有较好的防治作用。

（12）冬季土温低，可以将水加温，通过滴灌滴到根部，提高土温。在温室大棚有很强的应用性。

（13）对于较黏重土壤，将滴灌管埋于一定土层深度，通过空气压缩机向土壤灌气，解决根部缺氧问题。

（14）由于滴灌容易做到精确的水肥调控，在土层深厚的情况下，可以将根系引入土壤底层，避免夏季土壤表面的高温对根系的伤害。

（15）滴灌施肥可以根据作物的需肥规律施肥。吸收量大的时候多施肥，吸收少时少施肥。很多作物封行时正是需肥高峰期，但人进不了田间，无法追肥（如马铃薯、甘蔗、菠萝等），而滴灌则不受限制，可以随时追肥。

（16）滴灌施肥由于精确的水肥供应，作物生长速度快，可以提前进入结果期或早采收。

27.滴灌施肥省肥、省劳力

首先，使用水肥一体化滴灌系统，可以轻松实现少量多次施肥，可以按照作物需肥规律施肥。其次，可以减少因挥发、淋洗而造成的肥料浪费，从而大大地提高肥料利用率。一般来说，土壤肥力水平越低，省肥效果越明显。

滴灌施肥和浇水不用下地，不用开沟、覆土，速度快，上千亩的面积可以在一两天内完成灌溉施肥任务。滴灌施肥是设施灌溉和施肥，整个系统的操作控制只需一个劳动力就可轻松完成灌溉施肥任务。这对于作物种植集中地区及山地果园，其节省劳力的效果非常明显。

28.滴灌能满足作物水分需求

滴头一滴一滴的出水，出水量那么小，能满足作物水分需求吗？

可以！其实滴头流量有很多种选择，常见的范围在1.0～10.0升/小时。滴头流量的选择主要是由土壤质地决定的，通常质地越黏重，滴头流量越小。滴头每秒的出水量虽然很小，但是灌水时间长。以规格为2.3升/小时的滴头为例，如每棵果树设置2个滴头，灌水时间为2.5小时，果树将得到11.5升水，灌溉5小时则出水23升。滴灌可以通过延长灌溉时间和增加滴头数量来增加供水量，可以满足作物在各种气候条件下的需水量。

29.安装滴灌系统适合的果树

单纯从技术角度上讲，所有的果树都可以安装滴灌。衡量某种果树是否适合安装滴灌，主要从经济角度及果树树体的种植方式上进行评价。成行平地起垄栽培、山地的各种果树等都可以用滴灌。

30.滴灌对水质的要求

由于滴头为精密部件，对灌溉水中的杂质粒度有一定的要求。滴灌要求杂质粒度直径不大于0.13毫米，以防止管路堵塞。如果水源过滤措施和设备符合要求，北方井水、渠水、河水、低山丘陵坑塘水等都可以用于滴灌，但是一般要求灌溉水的pH应调节到6.0～7.5。水源过滤设备是滴灌系统的核心部件，大多数滴灌系统不能正常工作都是因过滤设备不符合要求或疏于清洗过滤器引起的。

31.滴灌设施过滤器的选择

滴灌的关键是防堵塞。选择合适的过滤器是滴灌成功的先决条件。常用的过滤器有砂石分离器、介质过滤器、网式过滤器和叠片过滤器。前两者做初级过滤用，后两者做二级过滤用。过滤器有很多的规格，选择什么过滤器及其组合主要由水质决定。这是较专业的问题，最好由专业人士设计和选择。

32.滴灌系统能使用的肥料种类

只要是能溶于水（最好是不溶性杂质含量低于0.5%）的化肥都能够通过滴灌系统来施用。最好选用水溶性复合肥，溶解性好，养分含量高，养分多元，见效快。部分有机肥，如鸡粪、猪粪要经过水沤腐，取其滤清液使用。

33.利用滴灌系统施用有机肥

滴灌系统是液体压力输水系统，显然不能直接使用固体有机肥。但可以使用有机肥沤制的沼液，经过沉淀、过滤后施用。鸡粪、猪粪等沤腐后也可过滤使用。采用三级过滤系统，先用孔径0.95毫米的不锈钢网过滤，再用孔径0.216毫米的不锈钢网过滤，最后用孔径0.13毫米的叠片过滤器过滤。通过滴灌系统施用液体有机肥，不仅克服了单纯施用化肥可能导致的弊端，而且省工省事，施肥均匀，肥效显著。

34.滴灌系统施肥的常用方法

根据滴灌系统布置的不同，可以采用多种施肥方法。常用的有重力自压施肥法、泵吸肥法、泵注肥法、旁通罐施肥法、文丘里施肥法、比例施肥法等。具体采用何种施肥方法，要咨询专业人员或参考更详细的资料。

35.滴灌施肥注意事项

一是过量灌溉问题。滴灌施肥最担心的问题是过量灌溉。很多用户总感觉滴灌出水少，心里不踏实，结果延长灌溉时间。延长灌溉时间的一个后果是浪费水，另一后果是把不被土壤吸附的养分淋洗到根层以下，浪费肥料，特别是氮的淋洗。通常水溶复合肥料中含尿素、硝态氮，这两种氮源最容易被淋洗掉。过量灌溉常常表现出缺氮症状，叶片发黄，植物生长受阻。二是施肥后的洗管问题。一般先滴水，等管道完全充满水后开始施肥，原则上施肥时间越长越好。施肥结束后要继续滴半小时清水，将管道内残留的肥液全部排出。许多用户滴肥后不洗管，最后在滴头处生长藻类及微生物，导致滴头堵塞。准确的滴清水时间可以用电导率仪监控。

36.滴灌施肥过程中避免过量灌溉

滴灌施肥只灌溉根系和给根系施肥。因此一定要了解所管理的作物根系分布的深度。最简单的办法就是用小铲挖开根层查看湿润的深度，从而可以判断是否存在过量灌溉。或者地里埋设张力计监控灌溉的深度。

37.在雨季通过滴灌系统施肥

在土壤不缺水的情况下，施肥要照常进行。一般等停雨后或土壤稍微干燥时进行。此时施肥一定要加快速度。一般控制在30分钟左右完成。施肥后不洗管，等天气晴朗后再洗管。如果能用电导率仪监测土壤溶液的电导率，可以精确控制施肥时间，确保肥料不被淋溶。

38.灌溉系统肥料浓度控制

很多肥料本身就是无机盐，当浓度太高时会"烧伤"叶片或根系。通过灌溉系统喷肥或滴肥一定要控制浓度。最准确的办法就是测定喷施的肥液或滴头出口的肥液的电导率，通常范围在 10 ～ 30 西门子/米就是安全的。或者水溶性肥稀释 400 ～ 1 000 倍，或者每立方米水中加入 1 ～ 3 千克水溶性复合肥喷施都是安全的。对于滴灌，由于存在土壤的缓冲作用，浓度可以稍高一点也没有坏处。

39.山地果园滴灌系统蓄水池的选建

为了节省开支，果园地形高差在 15 米内的，安装滴灌一般不需要修建蓄水池，只要选择合适扬程和流量的水泵即可。对于地形高差在 25 米以上的，最好在果园最高处修建一个蓄水池，采用重力滴灌系统，较为省钱。

40.山地果园滴灌要用压力补偿式滴头

滴头分普通滴头和压力补偿滴头。普通滴头的流量是与压力成正比的，通常只能在平地上使用。而压力补偿滴头在一定的压力变化范围内，可以保持均匀的恒定流量。山地果园或林木区往往存在不同程度的高差，用普通滴头会导致出水不均匀，通常表现为高处水少，低处水多。用压力补偿滴头就可以解决这个问题。为了保证管道各处的出水均匀一致，地形起伏高差大于 3 米时，就应该使用压力补偿式滴头。

41.滴灌系统的使用寿命

滴灌管有多种规格，壁厚 0.2 ～ 1.2 毫米。很显然，越厚越抗机械损伤。所有滴灌管都加有抗老化材料。在没有机械损伤的情况下，厚壁和薄壁滴灌管的使用寿命是一样的。很多薄壁滴灌带寿命短的主要原因是机械破损，导致漏水。从机械破损的角度，越厚的滴灌管寿命越长。不同作物及栽培方式对使用年限要求不同。一般栽培密度大的作物（如蓝莓）使用设计年限为 1～3 年的产品较为经济合理，而栽培密度小的果树使用设计年限为 8～10 年的产品较为经济合理。当然，使用寿命长，一次性投入的成本也会高一些。

42.滴灌专用PE管的选择

由于聚乙烯（PE）配料本身的理化性质容易光氧化、热氧化、臭氧分解，在紫外线作用下容易发生降解，所以普通的 PE 管并不适合在露地使用。滴灌专用的 PE 管材由于加入了抗老化剂，露地条件下使用寿命可达 10 年以上。

滴灌专用 PE 管材长寿的奥秘在于加入了抗老化剂，所以单纯的增加管材的厚度并不能延长使用寿命。选用的 PE 原料是否是原生料对产品的使用寿命也有影响。由于在物理性质上差异不明显，所以很难从肉眼判断出滴灌 PE 管的使用寿命。

43.滴灌工程的设计安装

滴灌系统的设计涉及水力、土壤、气候、作物栽培、植物营养等多方面的专业知识。通常用户自身掌握不了这么多专业知识。最好由专业人员设计安装，能确保正确的使用和发挥其优点。专业设计安装队伍具有多年的设计经验，能够综合考虑各方面的因素，设计的系统具有一定的扩展性，合理的设计可以最大限度地减轻日后系统升级和维护的成本。同时专业公司会提供技术服务。

44.滴灌施肥系统的效益概算

滴灌施肥系统的造价主要由设计费、设备材料费、安装费等三部分组成。具体价格取决于地形条件、高差、种植密度、土壤条件、水源条件、交通状况、施肥设备类型、系统自动化程度、材料型号规格、系统使用寿命、技术服务等级等因素。因此，滴灌系统不存在一个统一的价格。根据国内的实际情况，目前滴灌系统的价格在每亩400 ~ 1 500元。不管价格如何，其基本功能都是一致的，即均匀出水和均匀施肥。

以果树为例，安装滴灌是否划算？

高标准建设的滴灌系统造价在1 000元/亩左右，设计寿命为10年，折合每年成本为100元/亩。安装滴灌后，一方面可以节省肥料开支，按省肥30%计算，每年可节约开支30 ~ 50元/亩；另一方面可以增加产量和提高品质，从而增加收入，以增收10%计算，每年可增收120 ~ 800元/亩，这还没有考虑到节工和保障丰产等隐性的价值。可见，果树安装滴灌是十分划算的，不能因为滴灌一次性的投资大，不考虑综合成本与效益而主观认为不经济。

四、果园病虫害防治

（一）北方果树主要病害及防治

1.北方果树主要病害

北方果树主要有苹果、梨、桃、葡萄、核桃、柿子和枣等，病害是这些果树种植过程中的一个很重要的问题，每种果树都有几种常见且危害严重的病害，这些病害按照危害部位来看，主要有这么几类：根部病害、枝干病害、叶部病害和果实病害。

表1　北方主要果树病害类型

树种	根部病害	枝干病害	叶部病害	果实病害
苹果	根朽病（根腐病）、白纹羽病、紫纹羽病、白绢病、圆斑根腐病、根癌病、发根病（毛根病）、根结线虫等	腐烂病（烂皮病、臭皮病、串皮病）、枝干轮纹病（粗皮病）、干腐病等	斑点落叶病、褐斑病、锈病、白粉病、花叶病、黄叶病、小叶病等	轮纹病、炭疽病、霉心病、煤污病、蝇粪病、褐腐病、疫腐病、锈果病（花脸病）、苦痘病、黑点病、缩果病等

（续）

树种	根部病害	枝干病害	叶部病害	果实病害
梨	根朽病（根腐病）、白纹羽病、紫纹羽病、根癌病等	腐烂病（烂皮病、臭皮病、串皮病）、枝干轮纹病（粗皮病、瘤皮病）、干腐病等	黑星病、黑斑病、锈病、白粉病、黄叶病等	轮纹病、炭疽病、黑星病（疮痂病）、黑斑病、霉心病、煤污病、褐腐病、疫腐病、黑点病等
桃	根朽病（根腐病）、白纹羽病、紫纹羽病、白绢病、根癌病、根结线虫等	腐烂病、干腐病、枝枯病、流胶病等	穿孔病、缩叶病、白粉病、白锈病、褐锈病、褐斑病、叶斑病等	褐腐病、黑星病、炭疽病、软腐病（黑霉病）、黑斑病、锈斑病（果锈病）等
葡萄	根朽病（根腐病）、白纹羽病、紫纹羽病、根癌病、根结线虫病等	白腐病、蔓枯病等	霜霉病、白腐病、黑痘病、褐斑病、锈病等	白腐病、炭疽病、黑痘病、穗轴褐枯病、灰霉病、裂果等

2.北方果树病害的主要病因

植物病害的病因主要有两大类，果树病害也是这样。一类病因是生物病因，主要是一些能够侵染植物使之发生病害的微生物和动物（真菌、细菌、病毒和线虫等），通常称之为病原物，这类病因引起的病害可以传染。另一类病因是非生物病因，例如不适合果树生长的物理条件（温度、水分、湿度、光照等）以及不适合的化学条件（如养分缺乏、比例失调或过量、药害、肥害等）。

3.北方果树病害的主要防控措施

果树病害的防控本质就是通过一系列措施来扶植果树、压制病原物、优化果园生态环境，从而减少病害的发生。具体来说，主要有农业防治（也叫栽培防病）、抗病品种、生物防治（通常所说的以菌治菌）、物理防治和化学防治等几大类防控措施。果园生草可以有效增加土壤的有机质含量，提高土壤肥力；改良土壤结构，增强保蓄水能力和水分利用效率；增强树势，提高树体抵抗力，从本质上说属于"农业防治"的范畴。当然，这也是果树病害防控中最主要的一类措施，因为果树属于多年生作物，提高树体本身的抵抗力、优化果园生态环境是一项非常重要的原则，否则就会陷入"头疼医头、脚疼医脚"的被动局面。

4.果园生草有助于减轻果树根部病害的发生

果树根病主要是由一些土壤中的病原菌引起的，如常见的根腐病、纹羽病（紫纹羽病和白纹羽病）、根癌病和发根病等。这些病害的发生，多因根部土壤中微生物群体的多样性减少，使病原菌的数量增多所导致。在正常的情况下，土壤中微生物以细菌最多，占90%以上，其次是放线菌，真菌最少。由于耕作措施不当导致土壤物理性状恶化和有机质含量很低时，果树根系周围土壤中有益的细菌和放线菌数量减少，而容易导致根病的真菌数量增多，从而导致根病容易发生。研究表明，果园土壤微生物种群的变化与生草的种类及生长状况关系密切，当果园进行生草后，可使果园土壤有机质增加、土壤微生物多样性增加，从而使土壤中有害的微生物减少，根系周围的微生态环境优化，最终结果是根部病害发生和危害减轻。

5.果园生草有助于减轻果树腐烂病的发生

腐烂病多发于树势衰弱的果树上，而果园生草后，果园表土受雨水的冲刷影响较小，利于有机质的沉积。草根的分泌物和残根促进了微生物活动，有助于根层土壤团粒结构的形成；草体刈割就地覆盖，可以促使表土层中腐殖菌的加速繁殖，使枯草迅速腐化成腐殖泥，促进了土壤团粒结构的形成，土壤容重降低，孔隙度增加，使土壤理化性状及肥力发生相应变化，从而提高了土壤有机质含量。树体营养状况得到改善，树体生长健壮，可以从根本上减少因树体衰弱而导致腐烂病发生严重的状况。另外，研究表明，冬季冻害和夏季日灼是腐烂病的主要诱因。果园生草对果园微环境的温度、湿度有较好的调节作用，大大降低了冻害和日灼的发生几率，从而减少了腐烂病的发生。果园生草后，增加了地面覆盖率，一方面，生长季强烈的阳光照射在草地上时，有一部分阳光被草吸收，通过草的蒸腾作用减少了太阳热能在果园内的积累，从而降低了园内温度，阻止了土壤温度的迅速上升，这种效应在炎热的夏季更明显；另一方面，在冬季和夜晚，果园生草则起到了保温作用，因而缩小了果园的年温差和日温差，减轻了果树枝干受冻和日灼的发生，因此也可以减轻腐烂病的发生。

6.果园生草有助于减轻果树轮纹病的发生

轮纹病尤其是枝干轮纹病多发在树势衰弱的树体，而果园生草可以有效增加土壤有机质含量，提高土壤缓冲性能；改善土壤结构，增加水稳性团粒数量；提高土壤养分的生物有效性，这对树势的增强有很大的提升。同时，果园生草后可稳定土壤环境温度、稳定土壤水分条件、增加土壤微生物数量和多样性。在上述各种因素的综合作用下，可大大提高树体的抗病能力，从而减少或减轻轮纹病的发生。

7.果园生草有助于减轻小叶病的发生

果树小叶病的发生多是由于树体缺乏锌元素所造成的，果园生草可以有效增加土壤有机质含量，改善土壤结构，提高土壤养分的生物有效性。有研究表明，果园生草可以养根，不仅有利于根系对锌元素的吸收，还能明显增强树势。因此，可以有效减轻小叶病的发生。

8.果园生草有助于减轻果树花芽冻害的发生

果树花芽冻害主要是由于春季开花期间温度降低以及较大的昼夜温差导致的。而果园生草后，使果园整体形成了一个相对较稳定的复合生态系统，改善了果园微域环境，对果园微环境的温度、湿度有较好的调节作用。生草使果园地上植被表现出空间层次性，同时也使果树地下根系分布表现出良好的层次，这种层次性结构对调节果园温度、湿度等有积极作用。果园生草后，增加了地面覆盖率，在早春和夜晚，果园生草则起到了保温作用，因而可以缓冲剧烈的温度下降，使这种温差变化变得缓和一些，并且还可缩小果树开花期间的昼夜温差，从而大大减轻果树花芽冻害的发生。

9.果园生草有助于减轻果树日灼的发生

有研究指出，在果园生草或播种不易成灾的菊科绿肥，可改善土壤的物理性状，增强土壤保水能力，在高温来临时，可降低地温，提高果园空气湿度，从而降低果面温度，减少日灼的发生。其原因在于，生草使果园地上植被表现出空间层次性，同时也使果树地下根系分布表现出良好的层次，这种层次性结构对调节果园温度、湿度等有积极作用。果园生草后，增加了地面覆盖率，生长季强烈的阳光照射在草地上时，有一部分阳光被草吸收，通过草的蒸腾作用减少了太阳热能在果园内的积累，从而降低了园内温度，阻止了土壤温度的迅速上升，这种效应在炎热的夏季更明显，可以有效降低日灼的发生几率。

10.果园生草有利于减轻苹果苦痘病的发生

因为苹果苦痘病的发生是由于果实缺钙所导致的，而根是树体对钙吸收的主要器官。因此，如果要从根本上解决苦痘病，最主要的要从养根以及增强根对钙的吸收入手。有研究表明，果园生草可改善土壤物理、化学和生物状况，对于养根有很多益处。另外，果园生草也可增加土壤酶活力和钙活化。因此，果园生草后通过养根，使根系大小和健康状况得到提升，同时使根系对于钙元素的吸收增强，大大减少树体缺钙的发生，也就非常有利于减轻苹果苦痘病的发生。

11.果园生草有利于减轻葡萄裂果的发生

因为葡萄裂果多由果实缺钙所导致，而根是树体对钙吸收的主要器官。因此，如果要从根本上解决葡萄裂果，最主要的要从养根以及增强根对钙的吸收入手。有研究表明，果园生草可改善土壤物理、化学和生物状况，对于养根有很多益处。另外，果园生草也可增加土壤酶活力和钙活化。因此，果园生草后通过养根使根系大小和健康状况得到提升，同时使根系对于钙元素的吸收增强，大大减少树体缺钙的发生，也就非常有利于减轻葡萄裂果的发生。

12.果园生草有利于减少或减轻果树缺素症的发生

缺素症是果树非侵染性病害（不是由病原物造成的病害，而是由于营养不良或其他环境因素造成的病害）中重要的一类，常见的缺素症有黄叶病（缺铁症）。有研究表明，果园生草后可增加土壤酶活力和各种营养元素的活化。同时，果园生草后可以养根，使根系发达且活力增强。在两种作用的共同配合下，使果树树体对于铁以及其他营养元素的吸收大大增强，从而有利于减少或减轻黄叶病等果树缺素症的发生和危害。

13.果园生草能够减轻果树涝害的发生

涝害是果树非侵染性病害中重要的一类。在雨季由于短时间内的大量降水可能导致果园局部区域的涝害，从而引发沤根，进而导致树体根系活力和功能大大降低，轻则引起叶片萎蔫、落果等，重则导致根系腐烂、树势降低甚至树体死亡。防涝的主要措施是挖沟排涝和增强土壤渗水性能，使果园地表不会长时间积水。生草后，可以改善果园土壤结构，水分下渗能力增强，因此与清耕果园相比，涝害发生的可能性和程度都得以减轻。

14.果园生草有利于减轻苹果果实皴裂的发生

研究表明，苹果果实皴裂主要是因为幼果期树体水分供应不足造成的。北方果园春季和初夏干旱是一个常见问题，而此时正值苹果幼果期，如果幼果水分供应不足，就容易导致幼果提前衰老以及果皮老化。当雨季（7～8月）来到时，特别是久旱暴雨过后，果实的果肉细胞大量吸水，导致果肉膨胀，但前期果皮已经老化，所以就容易造成果皮皱裂甚至裂果。果园生草后，可以增强土壤的保水能力，改善土壤供水，在干旱的春季和初夏对于保持果实的水分平稳供应有很大好处。同时，生草后加强了地表覆盖，有效降低了干旱对于根系的伤害。因此，果园生草可以缓解苹果幼果期果实缺水导致果皮老化的情况，因此也就有利于减轻果实皱裂的发生。

15.果园生草能够减轻果树线虫病害的发生

果树线虫病是由土壤中的有害线虫（引起植物线虫病的线虫，如根结线虫）引起的一类病害，如根结线虫病。线虫病一旦发生很难根治，往往造成树体衰弱甚至死亡。此外，一些线虫在危害果树的同时，还可以传播病毒病（如葡萄扇叶病由剑线虫传播）。这些线虫都生活在土壤中，我国北方果园大多土壤有机质偏低，土壤容易板结，再加上连续多年的化肥施用和清耕，导致土壤微生物生存环境恶化，土壤微生物（细菌、放线菌和腐生线虫）数量和多样性都降低。这为土壤中有害线虫的生长提供了空间，导致其数量增加，果树线虫病的发生危险增大。研究表明，果园土壤微生物种群的变化与生草的种类及生长状况关系密切，因此当果园进行生草后，可使果园土壤有机质增加、土壤微生物多样性增加，特别是增加了土壤中线虫的多样性，腐生线虫数量和种类增多，从而减少了植物寄生线虫（有害线虫）的生存空间，也就能够减少和减轻果树线虫病害的发生和危害。

16.果园生草有利于减轻果树叶部病害的发生

果园生草可以有效增加土壤的有机质含量，提高土壤肥力；改良土壤结构，增强保蓄水能力和水分利用效率；增强树势，提高树体抵抗力。从这个角度来说，总体上果园生草有利于减轻果树病害的发生，当然也包括叶部病害。另外，有研究表明，苹果叶面生长期间附生着木霉菌等附生生物，在生草制果园中，这些菌类在叶面保持着动态平衡，不利于叶部病原菌对于叶片的侵染，所以叶部病害发生轻。相反，在清耕园中，杀菌剂的大量使用在降低病菌数量的同时，也减少了这些腐生的有益生物组成和数量，提高了果树病菌的侵染能力，从而失去了有益微生物对病原菌的自然控制作用，叶部病害总体更容易发生。

但是，果园生草后可以增加果园小气候的湿度，使得一些对于湿度要求较高的叶部病害如白粉病和霜霉病的发生比清耕果园偏重，这方面也有相关报道。因此，在生草果园应该注意对这类叶部病害的防控。

17.果园生草是否有利于减轻苹果黑点儿病的发生

这个问题不能一概而论，因为黑点儿病的病因比较复杂，一些弱寄生菌和刺吸害虫的危害均可导致黑点儿病。果园生草导致昆虫的多样性增加，天敌数量增加，因此刺吸式害虫的危害减轻，因此，由这些刺吸害虫导致的黑点儿病可能减轻。然而，果园生草后可以增加果园小气候的湿度，使得套袋后果实生长期间与清耕条件下相比，袋内湿度增加，增大了一些弱寄生菌危害果实造成黑点儿病的机会。对于通风透气良好的现代化矮砧果园来说这个副作用稍小，但对于比较郁闭的乔砧果园，在生草后应该注意这方面的问题解决，如经常刈割，以便将生草带来的果袋内湿度增高控制到最小，从而避免果实黑点儿病的加重。

18.果园生草有利于减轻果树病毒病的危害

有些果树病毒病可以通过飞虱、蚜虫等昆虫传播，果园生草可以改善果园生态环境，增加果园中昆虫及其他生物的多样性，这些害虫的天敌数量和种类也随之增加，因此这些虫害的危害减轻，它们传播病毒病的可能性也降低。从这个角度来说，果园生草有助于减轻病毒病的发生。另一方面，病毒病一旦发生，很难通过化学药剂防治，主要依靠提高树体抗病能力来控制其危害。果园生草可以使果园增加土壤有机质、养根，从而增强树势，提高树体抵抗力，减轻发病。另外，随着生草后果园土壤理化性质和结构的改善，土壤中微生物多样性和数量均随之改善，有益微生物种类和数量增多，对于提高树体的抗病毒能力也有一定的作用。

19.果园生草有利于减轻果树药害的发生

药害是树体一次或累计接触大量化学药剂所造成的。果园生草可以增加土壤的有机质含量，提高土壤肥力；改良土壤结构，增强保蓄水能力和水分利用效率；保持土壤温度、湿度的季节和昼夜稳定；改善果园的小气候和生态环境；这都对树势的增强有很大的益处，自然增强了树体对病虫害的抵抗能力。同时，果园生草还可以增加害虫的天敌种群数量，减少果园病虫害的发生。两种作用均有助于减少化学农药的使用，自然也就减少了药害发生的可能。

20.果园生草有助于减少果实中的农药残留量

果实中农药残留是由于果园大量使用化学农药造成的，果园生草可以增加土壤的有机质含量，提高土壤肥力；改良土壤结构，增强保蓄水能力和水分利用效率；保持土壤温度、湿度的季节和昼夜稳定；改善果园的小气候和生态环境；这都对树势的增强有很大的益处，自然增强了树体对病虫害的抵抗能力。同时，果园生草还可以增加害虫的天敌种群数量，减少果园病虫害的发生。两种作用均有助于减轻果园病虫害的发生，从而也有助于减少化学农药的使用，自然也就减少了果实中农药残留。

（二）北方果树主要害虫及防治

1.北方果园常见害虫

果园害虫种类较多，主要有蚜虫、蟥类、叶蝉类、梨木虱、红蜘蛛、二斑叶螨、介壳虫类、食心虫类、金龟子类、卷叶蛾类、潜叶蛾类、食叶毛虫类、天牛类、吉丁虫类等。其中苹果园主要害虫有蚜虫、红蜘蛛、苹小卷叶蛾、桃小食心虫等；梨园主要害虫有蚜虫、梨木虱、梨黄粉蚜、梨小食心虫、茶翅蟥等；桃园主要害虫有桃蚜、梨小食心虫、桃蛀螟、桃小绿叶蝉等；樱桃园主要害虫有红蜘蛛、桑盾蚧、斑翅果蝇、苹小卷叶蛾等。

2.北方果园常见天敌

主要有瓢虫、草蛉、食蚜蝇、小花蟥、步甲、寄生蜂、塔六点蓟马、捕食螨、蜘蛛等，这些天敌对果园内害虫具有很好的控制作用。

3.果园生草对天敌的影响

果园生草改变了果园生物群落结构，丰富了生物多样性，形成了一个相对稳定的生态系统，为天敌的繁殖、栖息提供了场所，增加了天敌种类和数量，从而减少了害虫的发生。果园生草也使得天敌在无食饵时（如果树上没有害虫发生时）能够获得充足的食物，也为处于恶劣环境（如暴雨、喷洒农药等）的天敌提供隐蔽处和食物。

4.果园生草对果树害虫控制的影响

（1）有利影响。果园生草可以显著增加瓢虫、东亚小花蝽、草蛉、食蚜蝇及蜘蛛等捕食性天敌的种群数量。大量增殖的天敌，可由地面植被向树冠上迁移，从而使果树上天敌的种群数量明显增多，蚜虫种群数量受到明显抑制。

（2）不利影响。果园生草后为某些害虫提供了隐蔽场所，特别是越冬害虫，增加了清园难度，会有利于在杂草或在树下土壤中隐蔽越冬的害虫，如二斑叶螨、金纹细蛾、黄斑卷叶蛾、绿盲蝽、麻皮蝽、茶翅蝽、大青叶蝉、梨木虱、草履蚧、金龟子、桃小食心虫等害虫。有些果树害虫同时也取食某些杂草，如二斑叶螨、绿盲蝽、茶翅蝽、麻皮蝽、大青叶蝉等，因此果园生草会加重这些害虫的危害。

5.生草果园与二斑叶螨发生的关系

生草果园可能会导致二斑叶螨发生严重。这是因为二斑叶螨春季先在树下龙葵、打碗花等杂草上取食繁殖，到6月中旬再从树下杂草上转移到果树上取食为害果树叶片，所以生草果园较清耕果园更有利于二斑叶螨的发生。

如何解决果园生草与二斑叶螨发生的矛盾？可在二斑叶螨转移上树之前，先在树下杂草上喷施杀螨剂，然后再割草，阻止二斑叶螨转移到果树上取食危害。

6.生草果园金纹细蛾的发生会明显加重

因为金纹细蛾以蛹在被害落叶中越冬，清洁果园会有效降低越冬虫源的基数。但是，推广果园生草技术后，该项管理无法正常进行，导致虫口基数增加，危害程度加重。据调查，种草果园和自然生草果园金纹细蛾的虫口率分别较清耕园提高15%和13%。

7.生草果园螨类害虫危害会加重

果园种植白三叶、苜蓿、黑麦草等后，为茶翅螨、麻皮螨等提供适宜的生存环境和寄主，杂草中各种螨的种群数量明显增加，刺吸果面而形成的畸形果率逐年增多。

8.生草果园绿盲蝽的为害会明显加重

秋季绿盲蝽一般产卵在果园的枯草和果树等断茬髓部中越冬，部分卵随着植物枯枝落叶散落在土表。翌年4月中下旬越冬卵孵化后，若虫主要取食苜蓿、苕子等杂草和果树的嫩头，幼果期绿盲蝽会刺吸危害果实。果树休眠期清除园内枯草可以减少绿盲蝽的越冬卵数量。

9.在枯草落叶中越冬的梨木虱防治

梨木虱以成虫在枯草落叶中越冬，果树休眠期彻底清除梨园内的杂草落叶，刮老树皮、严冬浇冻水，消灭越冬成虫。在3月中旬越冬成虫出蛰盛期喷洒菊酯类药剂，控制出蛰成虫基数。在梨木虱严重发生时，可喷施螺虫乙酯、阿维菌素等药剂。

10.果园中越冬天敌的保护

冬季树下的枯草落叶不仅是害虫的隐身之处，同时也是天敌的藏身之所，清洁果园虽然能压低越冬害虫的基数，同时也会杀伤天敌。为了在消灭越冬害虫的同时保护天敌，可以在9月份害虫进入越冬场所之前，在树干上绑诱虫带诱集越冬害虫，减少害虫进入枯草落叶中越冬的数量，等果树进入休眠期后再把诱虫带中诱集到的害虫处理掉。值得注意的是，诱虫带中也会藏匿很多越冬的天敌，如蜘蛛、瓢虫、小花蝽、草蛉等，要保护这些天敌，把它们留在果园中继续消灭害虫。

11.生草果园大青叶蝉的种群数量会增大

大青叶蝉秋季一般先在果园内或周边的绿色作物或杂草上活动取食，越冬之前转移到幼树枝干上产卵，因此在幼树园行间生草会加重大青叶蝉对树干的产卵危害。

12.生草果园雨季马陆发生增多

马陆又名千足虫，生活在潮湿的地方，大多以枯草落叶为食，生草果园割草后覆盖在地面，在雨季为马陆提供了阴暗潮湿的环境，导致马陆大量发生。马陆一般取食枯草落叶等腐殖质，偶尔会取食幼苗或小草的嫩叶，不会危害果树。

13.果园中种植油菜或蒲公英可以招引授粉昆虫

油菜和蒲公英一般在4月上旬开始开花，比梨树和苹果树要早7～10天，可以把周边的授粉昆虫吸引过来并为它们提供花粉，在果树开花时，再把大部分油菜或蒲公英割掉，把授粉昆虫赶到果树花上。割掉的油菜植株和块根可以肥田。蒲公英既可以食用，也是一种中药材。

一般在每年的8月份种植油菜，将种子播种在果园的行间和园边。

14.果园中开花植物对天敌的影响

果园中早春的开花植物会吸引大量的授粉昆虫，有利于果树授粉。在果树生长中后期，园内或周边种植或保留一些花期长的植物会吸引大量寄生蜂、食蚜蝇类天敌昆虫，寄生蜂和食蚜蝇取食花粉、花蜜后可提高其生殖力，从而增加寄生率，使果树蚜虫数量下降。因此，人们把果园杂草生境比作天敌的银行。

15.利用杂草上的天敌上树控制果树害虫

调查发现，当杂草上的昆虫能满足天敌的食用时，天敌往往仅在在杂草上活动而不往树上转移。为了充分发挥生草果园内天敌的作用，在蚜虫、红蜘蛛等害虫发生始盛期，割草驱使天敌上树控制果树害虫。

16.果园生草会增加天敌的数量

果园生草增加了植被多样化，为天敌提供了丰富食物和良好的栖息场所，克服了天敌与害虫在发生时间上的脱节现象，使昆虫种类的多样性、富集性及自控作用得到提高，生草后优势天敌数量明显增加，天敌发生量大，种群稳定，能有效控制病虫害的蔓延。

17.生草果园在生草的第一、二年病虫害发生有加重趋势

这是因为天敌的积累需要一个过程，年限同病虫害的发生密切相关。多年观察发现，凡生草果园，生草的第一、二年病虫害发生有加重趋势，而第三年开始大多呈下降趋势，连续多年生草园可形成平衡稳定的生态系统，而且这种有利因素是随着生草年限的增加逐渐显现并加强。有些果农刚生草1～2年发现好处不明显甚至弊大于利，便毁掉生草，这种做法是极其错误的。果园生草一定要长期坚持方可见效，而且时间越久效果越明显。

18.良性杂草能吸引天敌

良性杂草主要有夏至草、益母草、甘菊、矮蒿、阿尔泰狗娃花、白花三叶草、霍香蓟、小飞蓬和艾草等。夏至草是在果园周边和果园内常见的杂草，具有返青早、开花早、花期长、花量大等特点，其花粉、花蜜、植物汁液是果园重要天敌——小花蝽的早春食

物，因此在果园周边保留夏至草可以使小花蝽提早建立种群。益母草、甘菊、矮蒿、阿尔泰狗娃花、白花三叶草、藿香蓟、伞形科植物等开花时可以吸引寄生蜂等天敌。小飞蓬和艾草等上的蚜虫可以吸引瓢虫、草蛉等天敌。藿香蓟、白香草木樨是增繁捕食螨的重要植物。

19.生草果园金龟子的防治

由于果园生草、覆草后土壤质地疏松，温度、湿度适宜，有机质丰富，有利于金龟子滋生繁殖，尤其是多年来生草、覆草果园，冬前不进行深翻，清园困难或不清园，导致了金龟子自然死亡率低，地下虫口密度大，越冬基数高，发生危害重。

生草果园金龟子的防治措施：

（1）秋季果园深翻施用腐熟肥料，破坏金龟子越冬场所，降低虫源基数。

（2）4月上旬开始，重点对全园覆草和连年施有机肥多的果园进行土壤药物处理，地下撒3%辛硫磷颗粒每亩5～8千克或喷50%辛硫磷乳油800倍液、45%乐斯本乳油1 200倍液，用药后划锄，提高防治效果。

（3）在成虫发生期，树上喷施菊酯类或有机磷类杀虫剂防治取食树叶的金龟子。

20.生草果园桃小食心虫的防治

枣园和未套袋的苹果园会遭受桃小食心虫蛀果为害。因为桃小食心虫是以老熟幼虫在树冠下土壤中越冬，果园生草后因缺少土壤翻耕，有利于越冬幼虫的存活，另外果园生草后，在越冬幼虫出土化蛹时地面防治也带来了不便。因此，秋末冬初翻耕土壤、冬季浇压冻水能减少越冬幼虫基数；利用桃小食心虫性诱剂诱捕器监测其成虫发生动态，在诱到第一头成虫时，清除地面杂草，地面撒施3%辛硫磷颗粒每亩5～8千克或地面喷施50%辛硫磷乳油800倍液、45%乐斯本乳油1 200倍液，用药后划锄；在成虫盛发期，树上喷施高效氯氟氰菊酯、甲氨基阿维菌素苯甲酸盐或氯虫苯甲酰胺等药剂。

21.生草果园草履蚧的防治

草履蚧一般一年发生1代，雌虫交配后潜入树下产卵，以卵囊在根际附近的土中、草堆下越夏越冬，果园生草也会增加草履蚧卵的存活率。冬季清除杂草、翻耕土壤、浇压冻水等能破越冬场所，压低越冬基数；在早春2月，树干上绑塑料布、缠塑料胶带或涂粘虫胶阻止孵化的若虫上树为害。

22.伴侣植物的驱虫和吸引天敌作用

所谓伴侣植物，是指种在一起的两种不同的植物，在生长时会互相给对方好处的影响。在果园内保留或种植伴生植物，可以起到驱虫或吸引天敌的作用。

（1）驱虫作用。蓝莓、树莓、樱桃等果树在成熟期经常遭受斑翅果蝇的危害，在果园周边种植薄荷、芹菜对斑翅果蝇具有较强的驱避效果。在果树周边或行间种植葱、洋葱、大蒜类植物，对桃蛀螟、苹果蠹蛾、蜗牛等具有趋避作用。万寿菊也是著名的驱虫植物，万寿菊的根部能分泌一种物质杀死土壤线虫，很多昆虫对它也是避之唯恐不及。

（2）吸引天敌作用。在果园周边种植荞麦、百日菊、月季、香雪球等植物，这些植物花期较长，不仅美化果园环境，其花还能吸引一些益虫，包括食蚜蝇、胡蜂、小花蝽、寄生蜂、寄生蝇以及瓢虫等；薄荷的花也能吸引食蚜蝇和捕食性胡蜂。这些益虫捕食或寄生蚜、螨和其他害虫，因而能减轻这些害虫对邻近果树的危害。

五、果园生草案例

（一）国内果园生草案例

1.果园清耕

果园清耕能有效降低杂草数量，减少与果树争肥、争水的可能，灌水施肥更为方便，同时能让果园的土壤疏松，使果园整体看起来更加整洁美观（图13、图14）。

图13　河北省威县泺州镇李寨村清耕灌水后的葡萄园（张毅功　摄）

图14　河北省顺平县齐各庄乡大李各庄村清耕后的桃园
（张毅功　摄）

2.山东栖霞市博士达（BSD）有机苹果采摘观光园

"博士达"有机苹果观光采摘园是典型的有机苹果示范园区，位于山东省栖霞市方山自然生态保护区境内，交通便捷，位置优越。于2008年投资建设，面积800余亩，是集矮化苹果栽培模式展示、有机苹果栽培新技术应用推广、旅游休闲、观光采摘于一体的多功能苹果示范园。

该园全部采用自然生草或者人工种植鼠茅草覆盖土面（图15、图16、图17）。先后被定为"国家测土配方施肥项目试验示范基地""国家苹果工程技术研究中心山东农业大学园艺科学与工程学院科研示范基地""栖霞市果业发展局科技推广示范基地""栖霞市科技特派员创业示范园""栖霞市土壤有机质提升工

图15　果园行间自然生草（已结果树种植
　　　带采取清耕后铺设滴灌管道）

图16　苹果幼树株间人工种植鼠茅草

图17　人工种草苹果园悬挂黄色诱蚜板以
　　　诱杀蚜虫

程示范园"，于2013年正式获得有机苹果认证证书和国家级星火计划项目证书，2014年荣获"烟台市林业产业龙头企业"，被山东省旅游局评为"山东省精品采摘园"。

3.河北省顺平县大悲乡大悲村苹果示范园

位于太行山低山丘陵区的大悲村苹果示范园始建于2006年。园区已经建成融果品生产现代生产展示基地、果品采摘消费、苹果产业深加工以及周边城市市民农业休闲旅游度假地，实现了集多业态融合达成科研、生产、教学、旅游观光为一体的现代化产业试验示范基地。该园系国家苹果产业技术体系保定实验站、河北省保定市"太行山农业创新驿站""河北农业大学教学科研生产三结合基地""河北农业大学园艺学院教学基地"等。该示范园采取自然生草方法进行果园土面覆盖（图18、图19、图20）。

图18　两年生樱桃园（自然生草）

图19 定值4年刚结果自然生草苹果园

图20 定植9年后自然生草苹果园

4.河北昌黎朗格斯酒庄

昌黎素有"东方波尔多"之称，也是我国葡萄酒原产地保护区。朗格斯酒庄（奥地利朗格斯家族独资企业）始建于1999年，位于河北省昌黎县两山乡段家店村。这里北依碣石山，南傍黄金海岸，四季分明，与法国著名红酒都城——波尔多处相同纬度。特殊的火山岩发育而成的沙质土壤是葡萄生长乐园，各阶段的自然气候都处于葡萄生长的最佳条件。

该酒庄原址是一片山坡荒地，远离工业区，没有污染，空气清新，具有得天独厚的自然条件。由于特殊的山基地质构造，地下水极度匮乏，附近的农业种植基本是"靠天收"，属于相对传统的农耕模式。

酒庄葡萄种植园共计2 800亩，严格按照国家有机食品生产加工标准进行管理。设置了害虫天敌的保护栖息屏障，提高了生物多样性和自然控制能力。土肥管理方面，采取有机葡萄种植技术，以根系—微生物—土壤友好共生关系为基础改善土壤的特性，用地与养地相结合，保证了土壤肥力的逐步稳定提高。

朗格斯酒庄2 800亩葡萄种植基地，采用单臂种植篱架的短梢整形修剪和自然生草方式（图21、图22）。严格控制产量每亩不超过500千克。根据土壤、地形、地势的不同进行分类并制定相应的管理措施，以确定不同地域的葡萄酿造不同风格的葡萄酒。葡萄园采用有机种植，除草剂、化肥及不合规范的杀虫剂一律禁止使用。园内数十个音箱布设在葡萄园中，悠扬的音符飘荡在千亩种植基地，伴随着葡萄的健康成长。朗格斯红酒于2008年正式通过了有机食品认证。

图21　河北昌黎朗格斯有机葡萄园种植篱架

图22　河北昌黎朗格斯有机葡萄园自然生草

5.柿园生草

（1）甜柿园人工种草（图23）。河北省顺平县蒲上镇何家营村甜柿园，甜柿品种为阳丰，树龄4年生，2017年系第一年结果，亩产量约200千克。

种草品种为早熟禾、三叶草、高羊茅，图23为三种草混播（早熟禾、三叶草没有生长，逐渐死亡，只剩下高羊茅）。

图23　河北省顺平县蒲上镇何家营村甜柿园人工
　　　种草（王文江　摄）

（2）磨盘柿园自然生草（图24）。河北省易县西山北乡石家统村磨盘柿园，柿品种为磨盘柿，树龄约20年生，株产约120千克。

图24　河北省易县西山北乡石家统村磨盘柿园自
　　　然生草（王文江　摄）

6.河北省高阳县试验园

河北省高阳县是著名的鸭梨原产地之一，也是早酥红、秋水梨、水晶梨及多种优良品种梨果的生产大县。近年来，河北省梨研究中心主任张玉星教授及团队成员在高阳等地大力研究、推广梨省力化栽培技术，其中生草技术便是其中之一。张玉星教授等指导的河北高阳天丰农业集团所属试验基地等多处梨园采用人工种植黑麦草、鼠茅草、三叶草等结合自然生草措施取得了显著的效果，越来越多的果农逐渐接受了这项技术措施，高阳县"卫生"净地梨园正在逐步消失（图25、图26）。

图25 试验园人工种植黑麦草（张玉星 摄）

图26　试验园自然生草（刈割前）（张玉星　摄）

（二）国外果园生草案例

1.美国加利福尼亚州生草葡萄园

　　果园生草是一种较为先进的果园土壤管理方法，19世纪后期始于美国加利福尼亚州等地。到了20世纪40年代中期，由于开沟旋耕割草机问世，解决了割草问题以及果园喷灌系统的发展，这种果园土壤管理模式在美国才得到大面积推广。美国加利福尼亚州葡萄园多采取人工种植禾本科的早熟禾、黑麦草等（图27、图28），非常有利于选用小型机械设备施行葡萄架下、行间的草被刈割，刈割下来的草屑用于混配饲料之用。

图27　葡萄园人工种植早熟禾（杜国强　摄）

图28　葡萄园人工种植黑麦草（杜国强　摄）

2.日本北海道桃园

日本是各种果园比较早推行生草栽培措施和有机果品生产的国家。多采取自然生草配以人工种植生态适应性好、美化效果佳的人工草种（三叶草、薰衣草、紫花地丁、鼠茅草等）。北海道系著名的旅游度假胜地，结合旅游休闲，日本果农在果品生产的同时，利用果园生草技术措施将果园打造成集有机（环境优良、禁用人工合成化学品、禁用转基因品种）果品生产和旅游休闲采摘为一体的美丽果园，极大地提高了果园产值和附加值（图29、图30、图31）。

图29　日本北海道桃园（陈海江　摄）

图30　日本北海道桃园（陈海江　摄）

图31 日本北海道桃园（陈海江 摄）

3.新西兰南岛苹果园

新西兰自然环境优越，是世界上著名的优质农产品生产和出口国家。其生产的奶制品和各种果品品质享誉全球。新西兰大多数果园均采取自然生草和人工种草以及两者相结合的方式以防止猛烈海风和充沛的降水侵蚀肥沃的果园表土，同时节省大量人工除草的成本（图32）。黑麦草、早熟禾、三叶草

图32 新西兰南岛人工种草苹果园（张玉星 摄）

多为果农所采用的草种。新西兰果园生草带与其他国家相比一般较窄，这样具有果树树下施用有机肥的便利条件。

4.比利时梨园

比利时是欧盟最为发达的有机食品生产国和出口国，其农业大省卢森堡省几乎全部农场实行并通过了欧盟严格的有机认证。作为果品有机生产重要的措施——果园生草，具有增加生物多样性、驱赶引诱果树害虫、防止土壤侵蚀、保持土壤适宜温度和湿度、提升果品品质等重要作用（图33）。

图33　比利时自然生草梨园（刈割后）（张玉星　摄）